中国特色高水平高职学校项目建设成果

电机与变频器安装和维护

主　编　王　雪
副主编　王海涛
参　编　肖迎俊　孙丹丹　赵金宪
主　审　杜丽萍

机械工业出版社

本书是中国特色高水平高职学校项目建设成果。本书引进国际先进的 CDIO 工程教学成果，通过构思、设计、实现、运行（CDIO）4 个基本环节构架教学内容。

本书主要内容有密封油泵直流电动机的选型与运行维护、电动卷扬机拖动电动机的选型与运行维护、机械手伺服电动机的选型与运行维护、变频恒压供水系统的运行维护 4 个项目。项目设置结合实际工程，内容系统、简洁，图文并茂，实用性较强。

本书可作为高等职业院校电气自动化技术、机电一体化技术等专业的教材，也可供相关工程技术人员参考。

本书配有电子课件和模拟试卷等，凡选用本书作为授课教材的教师，均可来电（010-88379375）索取，或登录机械工业出版社教育服务网（WWW.cmpedu.com）注册、下载。

图书在版编目（CIP）数据

电机与变频器安装和维护/王雪主编 . —北京：机械工业出版社，2023. 12
中国特色高水平高职学校项目建设成果
ISBN 978- 7- 111- 74479- 5

Ⅰ. ①电… Ⅱ. ①王… Ⅲ. ①电机-安装-高等职业教育-教材②电机-维修-高等职业教育-教材③变频器-安装-高等职业教育-教材④变频器-维修-高等职业教育-教材 Ⅳ. ①TM3②TN773

中国国家版本馆 CIP 数据核字（2024）第 043674 号

机械工业出版社（北京市百万庄大街 22 号 邮政编码 100037）
策划编辑：王宗锋 责任编辑：王宗锋
责任校对：孙明慧 陈 越 封面设计：张 静
责任印制：郜 敏
北京富资园科技发展有限公司印刷
2024 年 6 月第 1 版第 1 次印刷
184mm×260mm · 12. 75 印张 · 304 千字
标准书号：ISBN 978- 7- 111- 74479- 5
定价：45. 00 元

电话服务 网络服务
客服电话：010-88361066 机 工 官 网：www.cmpbook.com
010-88379833 机 工 官 博：weibo.com/cmp1952
010-68326294 金 书 网：www.golden-book.com
封底无防伪标均为盗版 机工教育服务网：www.cmpedu.com

编写说明

中国特色高水平高职学校和专业建设计划（简称"双高计划"）是我国为建设一批引领改革、支撑发展、中国特色、世界水平的高等职业学校和骨干专业（群）而推出的重大决策建设工程。哈尔滨职业技术学院入选"双高计划"建设单位，对学院中国特色高水平学校建设进行顶层设计，编制了站位高端、理念领先的建设方案和任务书，并扎实开展了人才培养高地、特色专业群、高水平师资队伍与校企合作等项目建设，借鉴国际先进的教育教学理念，开发中国特色、国际水准的专业标准与规范，深入推动"三教改革"，组建模块化教学创新团队，开展"课堂革命"，校企双元开发活页式、工作手册式、新形态教材。为适应智能时代先进教学手段应用需求，学校加大优质在线资源的建设，丰富教材的载体，为开发以工作过程为导向的优质特色教材奠定基础。

按照教育部印发的《职业院校教材管理办法》要求，教材编写总体思路是：依据学校双高建设方案中教材建设规划、国家相关专业教学标准、专业相关职业标准及职业技能等级标准，服务学生成长成才和就业创业，以立德树人为根本任务，融入素质教育内容，对接相关产业发展需求，将企业应用的新技术、新工艺和新规范融入教材之中。教材编写遵循技术技能人才成长规律和学生认知特点，适应相关专业人才培养模式创新和课程体系优化的需要，注重以真实生产项目、典型工作任务及典型工作案例等为载体开发教材内容体系，实现理论与实践有机融合。

本套教材是哈尔滨职业技术学院中国特色高水平高职学校项目建设的重要成果之一，也是哈尔滨职业技术学院教材建设和教法改革成效的集中体现，教材体例新颖，具有以下特色：

第一，教材研发团队组建创新。按照学校教材建设统一要求，遴选教学经验丰富、课程改革成效突出的专业教师担任主编，选取了行业内具有一定知名度的企业作为联合建设单位，形成了一支学校、行业、企业和教育领域高水平专业人才参与的开发团队，共同参与教材编写。

第二，教材内容整体构建创新。精准对接国家专业教学标准、职业标准、职业技能等级标准确定教材内容体系，参照行业企业标准，有机融入新技术、新工艺、新规范，构建基于职业岗位工作需要的体现真实工作任务和流程的内容体系。

第三，教材编写模式形式创新。与课程改革相配套，按照"工作过程系统化""项目+任务式""任务驱动式""CDIO式"四类课程改革需要设计教材编写模式，创新新形态、活页式及工作手册式教材三大编写形式。

第四，教材编写实施载体创新。依据本专业教学标准和人才培养方案要求，在深入企业调研、岗位工作任务和职业能力分析基础上，按照"做中学、做中教"的编写思路，以企业典型工作任务为载体进行教学内容设计，将企业真实工作任务、业务流程、生产过程融入教材之中。并开发了与教学内容配套的教学资源，以满足教师线上、线下混合式教学的需要，教材配套资源同时在相关教学平台上线，可随时进行下载，以满足学生在线自主学习课程的需要。

第五，教材评价体系构建创新。从培养学生良好的职业道德、综合职业能力与创新创业能力出发，设计并构建评价体系，注重过程考核以及由学生、教师、企业等参与的多元评价，在学生技能评价上借助社会评价组织的"1+X"技能考核评价标准和成绩认定结果进行学分认定，每种教材均根据专业特点设计了综合评价标准。

为确保教材质量，组建了中国特色高水平高职学校项目建设系列教材编审委员会，教材编审委员会由职业教育专家和企业技术专家组成。组织了专业与课程专题研究组，建立了常态化质量监控机制，为提升教材品质提供稳定支持，确保教材的质量。

本套教材是在学校骨干院校教材建设的基础上，经过几轮修订，融入素质教育内容和课堂革命理念，既具积累之深厚，又具改革之创新，凝聚了校企合作编写团队的集体智慧。本套教材的出版，充分展示了课程改革成果，为更好地推进中国特色高水平高职学校项目建设做出积极贡献！

哈尔滨职业技术学院
中国特色高水平高职学校项目建设系列教材编审委员会

前　言

本书是为适应电气自动化技术专业"订单培养、德技并重"人才培养模式，满足"电机与变频器安装和维护"课程 CDIO 改革教学需要而编写的，是一本符合高等职业教育教学规律的，具有 CDIO 特色的教材。

为贯彻党的二十大精神，实施科教兴国战略，本书开发团队深入企业调研，通过走访本地区大中型制造加工企业，与行业企业专家座谈，了解相关职业活动内容，序化所得资料，分析、提取、总结典型工作任务。在此基础上，本书选取典型工程项目，融入核心知识技能，以生产实际中的典型电动机和变频器为教学载体，以"典型电动机的安装、维护和故障处理能力"为课程的核心技术技能，以 CDIO 工程教育理念为主线，注重相关课程之间内容的衔接与融合，注重课程内容和电工职业资格标准的融合，从岗位工作分析着手，密切结合企业的实际需求，引入专业技术规范、职业资格标准和新技术。通过对课程内容进行序化整合，开发了 4 个项目。每个项目包括项目构思、项目设计、项目实现、项目运行，突出培养学生对电动机和变频器的工程应用能力。

本书编写分工如下：哈尔滨职业技术学院王雪编写项目一、项目二和项目四；哈尔滨职业技术学院王海涛编写项目三；哈尔滨职业技术学院肖迎俊和孙丹丹参与了课程资源的开发，黑龙江科技大学赵金宪提供了部分资料。本书由王雪任主编并统稿，由哈尔滨职业技术学院杜丽萍主审。

在本书编写过程中，还得到了哈尔滨职业技术学院孙百鸣的关注和指点，在此表示衷心的感谢！

限于编者的经验及水平，书中难免存在不足和缺陷，敬请批评指正。

编　者

二维码索引

（续）

序号	名称	图形	页码	序号	名称	图形	页码
21	三相异步电动机的工作特性		57	30	伺服电动机的工作原理		103
22	三相异步电动机的机械特性		64	31	伺服电动机的安装与调试		111
23	三相异步电动机的起动方法		66	32	机械手伺服电动机的维护		117
24	三相异步电动机的制动方法		73	33	变频器的分类		124
25	绘制三相异步电动机定子绕组展开图		83	34	变频器的组成		126
26	嵌线工具的使用		85	35	变频器的外接主电路		150
27	三相异步电动机的嵌线工艺		89	36	变频器的安装		152
28	焊接定子绕组接头		91	37	变频器的维护		154
29	绑扎定子绕组端部		92	38	变频器的布线		165

目　录

项目 一

密封油泵直流电动机的选型与运行维护

项目名称	密封油泵直流电动机的选型与运行维护	参考学时	20 学时
项目导入	本项目完成密封油泵直流电动机的选型与运行维护，项目来源于某热电厂，油泵是热电厂汽轮机中主要的设备，分为直流油泵和交流油泵，两者都适用于输送燃料油、润滑油、液压油、矿物油等油类和具有润滑性的流动性液体，起润滑机械的作用。直流油泵由直流电动机来驱动。交流油泵：开、停机时供润滑系统用油；直流密封油泵：在厂用电中断时供润滑系统用油。密封油泵参数：型号为 PSNH210-54-S1，流量为 $15.6 m^3/h$，出口压力为 1.0MPa。本项目要求针对密封油泵选择拖动的直流电动机的型号、功率，正确安装调试直流电动机，诊断并排除运行中的故障		
学习目标	1. 知识目标 （1）列出直流电动机的定子和转子的结构组成 （2）画出直流电动机的两种绕组展开图 （3）写出直流电动机的三种起动方法 （4）列出直流电动机的三种调速方法 （5）写出直流电动机的四种制动方法 2. 能力目标 （1）根据 PSNH210-54-S1 密封油泵要求合理选择直流电动机型号 （2）能正确测量出直流电动机的绝缘电阻值 （3）能绘制直流电动机装配流程图 （4）能正确拆装直流电动机 （5）能诊断出直流电动机的故障并列出故障原因 3. 素质目标 （1）具备精益求精的工匠精神 （2）具备安全意识 （3）具备质量意识 （4）具备团结协作、爱岗敬业的职业精神 （5）具有吃苦耐劳的劳动精神		
项目要求	完成密封油泵直流电动机的选型与运行维护，项目具体要求如下： 1. 制订项目工作计划 2. 完成直流油泵电动机选型 3. 完成直流电动机的安装 4. 设计密封油泵直流电动机的调试电路 5. 调试密封油泵直流电动机 6. 针对直流电动机的故障现象，正确使用检修工具和仪表对直流电动机进行检修和维护		
实施思路	1. 构思：项目分析与直流电动机认知，参考学时为 6 学时 2. 设计：选择密封油泵直流电动机的型号，设计其装配流程和调试电路，参考学时为 6 学时 3. 实现：拆装密封油泵直流电动机和连接调试电路，参考学时为 4 学时 4. 运行：密封油泵直流电动机的运行和维护，参考学时为 4 学时		

电机与变频器安装和 维护

【项目构思】

一、项目分析

　　热电厂或发电厂的设备都含有润滑油系统，其主要作用是为汽轮机轴承、盘车装置等设备提供润滑油。在正常运行时，润滑油系统全部需油量由主油泵供应，主油泵出口油管先进入油箱，在油箱内其注油器出口分三路使用：一路供主油泵入口油，使主油泵入口处于正压状态；二是发电机低压备用密封油；三路是经冷油器至汽轮发电机组的主轴承、推力轴承。

　　在开机和停机过程中，当主油泵不能提供足够的油压及油量时，润滑油系统由辅助油泵提供。辅助油泵包括交流润滑油泵和密封备用油泵。交流润滑油泵提供低压备用密封油和轴承润滑油的全部油量；密封备用油泵提供高压备用密封油和危急遮断装置的需油量。

　　本项目的密封油泵参数：型号为 PSNH210-54-S1，流量为 15.6m³/h，出口压力为 1.0MPa，吸程为 4.3m。

　　本项目按照以下步骤进行：

1）针对 PSNH210-54-S1 型密封油泵的参数选择拖动的直流电动机的型号、功率。

2）设计直流电动机的起动电路、调速电路和制动电路。

3）正确安装调试直流电动机。

4）及时诊断并排除运行中直流电动机电枢绕组、换向器、电刷等的常见故障。

5）按照电机检修工艺和质量标准对直流电动机进行检修。

　　密封油泵直流电动机的选型与运行维护项目工单见表 1-1。

表 1-1　密封油泵直流电动机的选型与运行维护项目工单

课程名称	电机与变频器安装和维护		总学时：80 学时
项目一	密封油泵直流电动机的选型与运行维护		学时：20 学时
班级		组长	小组成员
项目任务与要求	完成密封油泵直流电动机的选型与运行维护，项目具体要求如下： 1. 制订项目工作计划 2. 完成密封油泵直流电动机的选型 3. 完成密封油泵直流电动机的安装 4. 完成密封油泵直流电动机的起动电路的设计 5. 完成密封油泵直流电动机的制动电路的设计 6. 完成密封油泵直流电动机的调速电路的设计 7. 完成密封油泵直流电动机的调试电路的连接 8. 完成密封油泵直流电动机的调试电路的调试并运行 9. 针对直流电动机的故障现象，正确使用检修工具和仪表对直流电动机进行检修和维护		
相关资料及资源	教材、安全操作规程、电机检修工艺和质量标准、微课、PPT 课件等		
项目成果	1. 完成密封油泵直流电动机的选型、安装和调试 2. CDIO 项目报告 3. 评价表		
注意事项	1. 每组在通电试车前一定要经过指导教师的允许才能通电 2. 安装调试完毕后先断电源后断负载 3. 严禁带电操作 4. 安装完毕及时清理工作台，工具归位		

　　中国电机技术领先，设备精良！2021 年 6 月 28 日，哈尔滨电机厂有限责任公司研制的世界首台单机容量最大的白鹤滩右岸 14 号机组率先投产发电，引领中国水电步入世界水电"无人区"，实现了我国高端装备制造的重大突破。在白鹤滩百万千瓦机组研制中，哈尔滨电机厂开创性地攻克了机组稳定性、冷却方式等多项世界性技术难题：水轮机转轮创新性地采用了长短叶片技术，水轮机最优效率为 96.7%，达到世界巨型水轮发电机组最高水平；发电机采用全空气冷却技术，转子温度均匀度提升 3%，进一步提高了机组效率；成功"降服"水电行业最高电压等级——24kV，在百万等级水电产品绝缘研制领域达到世界领先水平。

让我们首先了解直流电动机吧！

　　直流电动机有较好的控制特性，但在结构、价格、维护方面都不如交流电动机。由于交流电动机的调速控制问题一直没有很好的解决方案，而直流电动机具有调速性能好、起动容易、能够载重起动等优点，所以目前直流电动机的应用仍然很广泛，主要应用于冶金、机械、印刷、车床及电镀等行业。电动机的选型和运行维护技能是维修电工必须掌握的基础知识和基本技能。

二、直流电动机的认知

直流电动机由哪几部分组成呢？

　　直流电动机由静止的定子和转动的转子等构成，定子、转子之间有一定大小的间隙（称为气隙）。直流电动机实物如图 1-1 所示，直流电动机的结构如图 1-2 和图 1-3 所示。

图 1-1　直流电动机实物图

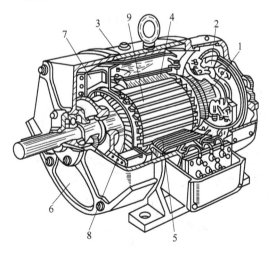

a) 直流电动机装配结构图

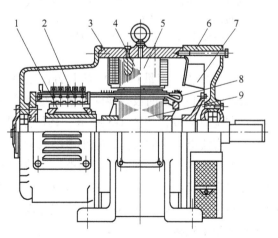

b) 直流电动机纵向剖面图

图 1-2　直流电动机的结构图

1—换向器　2—电刷装置　3—机座　4—主磁极　5—换向极

6—端盖　7—风扇　8—电枢绕组　9—电枢铁心

1. 定子

直流电动机定子主要有两个作用：一是建立主磁场，二是起整个电动机的固定和支撑作用。定子主要由机座、主磁极、换向极、端盖、电刷装置和出线盒等组成。

（1）机座　电动机定子部分的外壳称为机座，通常由铸钢或钢板焊接而成。它的一个作用是用来固定主磁极、换向极、端盖等零部件，起支撑和保护作用；另一个作用是导磁，即让励磁磁通经过，此部分称为磁轭，与主磁路共同构成闭合路径。

（2）主磁极　它又称主极，由磁极铁心和励磁绕组组成，如图 1-4 所示。主磁极的作用是能够在电枢表面外的气隙空间里产生一定形状分布的气隙磁场。

主磁极的铁心用 1~1.5mm 厚的低碳钢板冲片叠压紧固而成。励磁绕组通过励磁电流时，相邻磁极的极性呈 N 极和 S 极交替地排列，为了让气隙磁通密度沿电枢圆周方向的气隙空间里分布得更加合理，铁心下部（称为极靴）比套绕组的部分（称为极身）宽，这样也可使励磁绕组牢固地套在铁心上。

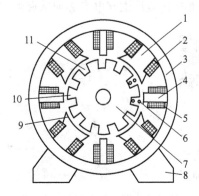

图 1-3　直流电动机横向剖面图

1—主极铁心　2—励磁绕组　3—定子磁轭　4—换向极
5—换向极绕组　6—电枢导体　7—电枢铁心　8—底脚
9—极靴　10—电枢齿　11—电枢槽

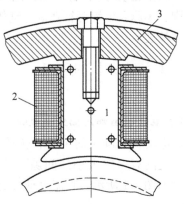

图 1-4　主磁极的结构图

1—主磁极　2—励磁绕组　3—机座

（3）换向极　容量在 1kW 以上的直流电动机，在相邻两主磁极之间要装上换向极。换向极的形状比主磁极简单，也是由铁心和绕组构成，如图 1-5 所示。其作用是产生换向磁场，用来改善直流电动机的换向，减小电动机运行时电刷与换向器之间可能产生的火花。铁心一般用整块钢或钢板加工而成。换向极绕组套在换向极铁心上，并与电枢绕组串联。一般换向极的数量与主磁极相同，在小功率的直流电动机中，也有装置的换向极数为主磁极的一半，或不装换向极。

（4）端盖　用于安装轴承和支撑电枢，一般为铸钢件。

（5）电刷装置　电刷装置由刷握、钢丝辫、压紧弹簧和电刷块等部分组成，如图 1-6 所示。其作用是通过电刷与换向器表面的滑动接触，把电枢绕组中的直流电压、直流电流引入或引出。

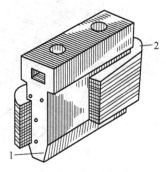

图 1-5　换向极的结构图

1—换向极铁心　2—换向极绕组

电刷块放在刷握内，用压紧弹簧压紧在换向器上，刷握固定在刷杆上，刷杆装在刷杆座上，彼此绝缘。刷杆座装在端盖轴承内盖上。整个电刷装置可以移动，用以调整电刷在换向器上的位置。电刷上有个铜丝辫，可以引出、引入电流。一般直流电动机中，电刷组的数目可以用电刷杆数表示，电刷杆数与电动机的主磁极数相等。

（6）出线盒 直流电动机的电枢绕组和励磁绕组通过出线盒与外部连接。出线盒上的电枢绕组一般标记为"A"或"S"，励磁绕组标记为"F"或"L"。

2. 转子

直流电动机的转子又称为电枢，主要由电枢铁心、电枢绕组、换向器、转轴和风扇等组成，如图1-7所示。其作用是产生感应电动势和电磁转矩，从而实现能量转换。

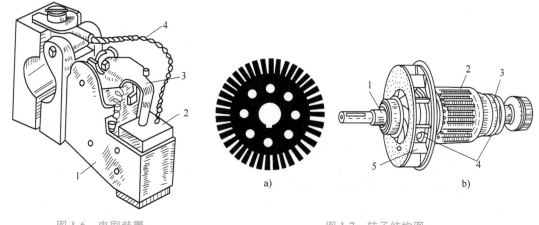

图1-6 电刷装置
1—刷握 2—电刷块
3—压紧弹簧 4—钢丝辫

图1-7 转子结构图
1—转轴 2—电枢铁心 3—换向器
4—电枢绕组 5—风扇

（1）电枢铁心 作用是通过磁通和嵌放电枢绕组。由于电枢铁心和主磁场之间的相对运动，会在铁心中引起涡流损耗和磁滞损耗，为了减少铁耗，通常用0.5mm厚的涂有绝缘漆的硅钢片冲片叠压而成，固定在转轴上。电枢铁心沿圆周上有均匀分布的槽，里面可嵌入电枢绕组。

（2）电枢绕组 电枢绕组由许多按一定规律排列和连接的线圈组成，它是直流电动机的主要电路部分，是通过电流和感应产生电动势以实现机-电能量转换的关键性部件。线圈用包有绝缘的圆形和矩形截面导线绕制而成，线圈也称为元件，每个元件有两个出线端。电枢线圈嵌放在电枢铁心槽中，每个元件的两个出线端以一定规律与换向器的换向片相连，构成电枢绕组。电枢槽结构如图1-8所示。

（3）换向器 换向器也是直流电动机的重要部件。在直流发电机中，它的作用是实现电枢绕组中的交流电动势和电流的转换以及电刷间的直流电动势和电流的转换。在直流电动机中，它将电刷上所通过的直流电流转换为绕组内的交变电流。换向器安装在转轴上，主要由许多换向片组成，片与片之间用云母绝缘，换向片数与元件数相等，其结构如图1-9所示。

（4）转轴 作用是传递转矩。为使电动机可靠运行，转轴一般用合金钢锻压加工而成。

（5）风扇 作用是降低电动机运行中的温升。

3. 气隙

气隙是电动机磁路的一部分。气隙磁阻远大于铁心磁阻，对电动机性能有很大影响。

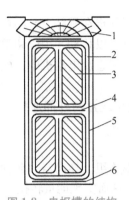

图 1-8 电枢槽的结构

1—槽楔 2—线圈绝缘 3—电枢导体
4—层间绝缘 5—槽绝缘 6—槽底绝缘

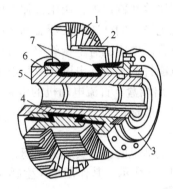

图 1-9 换向器结构图

1—云母片 2—换向片 3—螺旋压圈 4—绝缘套筒
5—钢套筒 6—V 形钢环 7—V 形云母环

直流电动机电枢绕组包括哪几种呢？

电枢绕组是由结构、形状相同的线圈组成，线圈称为电枢绕组元件。线圈有单匝、多匝之分。引出线只有首端和尾端两根。线圈的两个边分别安放在不同的槽中，其中处于槽内用于产生电动势和电磁转矩的部分，称为有效边；处于槽外仅起连接作用的部分，称为端接部分。直流电动机电枢绕组示意图如图 1-10 所示。

电枢绕组多为双层绕组，同一个槽可嵌放两条边，每条边仅占半个电枢槽，即同一个线圈的一条边占了某个槽的上半槽，另一条边占了另一个槽的下半槽。由此可知，电枢上的槽数 Z 与线圈数 S 相等。线圈在槽内的放置情况如图 1-10 所示。

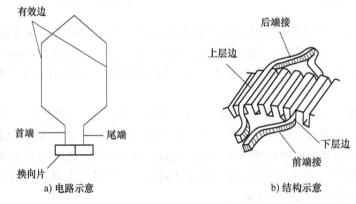

a) 电路示意   b) 结构示意

图 1-10 直流电动机的电枢绕组示意图

电枢绕组的相关知识如下：

1. 极距 τ

所谓极距，就是一个磁极在电枢表面的空间距离，用字母 τ 表示。极距常用槽数来计算，即

$$\tau = \frac{Z}{2p} \tag{1-1}$$

式中 p——磁极对数。

2. 节距

1）第一节距 y_1：指一个线圈两个有效边之间的距离。为了使元件感应出最大电动势，就要使 y_1 等于极距 τ。

满足 $y_1=\tau=\dfrac{Z}{2p}$（整数）的元件称为整距元件；当 $y_1>\tau=\dfrac{Z}{2p}$（不是整数）时，称为长距绕组；当 $y_1<\tau=\dfrac{Z}{2p}$（不是整数）时，称为短距绕组。

直流电动机一般采用短距或整距绕组。

2）第二节距 y_2：指串联的两个相邻线圈中，第一个线圈的下层边与相邻的第二个线圈的上层边之间的距离。y_2 用槽数来计算。

3）换向器节距 y_k：指线圈的两端所连接的换向片之间的距离，用该线圈跨过的换向片数来表示。

4）合成节距 y：指串联的两个相邻线圈对应的有效边之间的距离。

绕组节距示意图如图 1-11 所示。

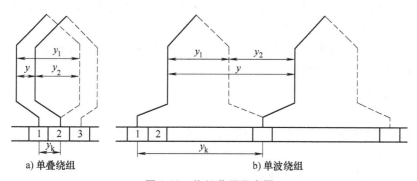

a) 单叠绕组　　　　　　　　　　　　b) 单波绕组

图 1-11　绕组节距示意图

3. 单叠绕组

相邻连接的两个元件互相交错地重叠，相邻元件依次串联，同时每个元件的引线端依次焊接到相邻的换向片上最后形成闭合回路，下面通过实例说明。

设一台直流电动机 $p=2$，$Z=S=K=16$，绘制单叠右行绕组展开图。

（1）求各节距

极距：$\tau=Z/2p=(16/4)$ 槽 $=4$ 槽

第一节距：$y_1=\tau=4$ 槽

因为单叠右行，则合成节距：$y=+1$；

第二节距：$y_2=y_1-y=3$ 槽。

（2）绘制绕组展开图　单叠绕组展开图如图 1-12 所示。

（3）绕组电路图　在绕组展开图所示瞬间，根据电刷之间元件连接顺序，可以

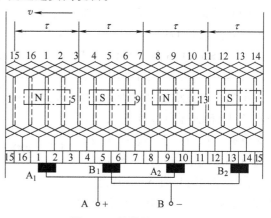

图 1-12　单叠绕组展开图

得到如图 1-13 所示的电枢绕组电路图。

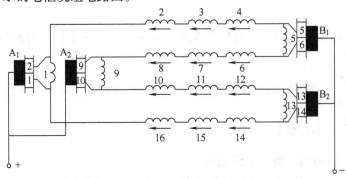

图 1-13　电枢绕组电路图

从图 1-13 可以清楚地看到，从电刷外面看绕组时，电枢绕组由 4 条并联支路组成。上层边处在同一极下的元件中的感应电动势方向相同，串联起来通过电刷构成一条支路。被电刷短路的元件中电动势等于零，此时这些元件不参加组成支路，所以单叠绕组的支路数就等于电动机的主磁极数。若以 a 表示支路对数，则 $a=p$。

这种单叠绕组的支路由电刷引出，所以电刷杆数必须等于支路数，也就是等于极数。

综上所述，电枢绕组中的单叠绕组有以下特点：

1）位于同一个磁极下的各元件串联起来组成一条支路，即支路对数等于极对数。

2）电刷杆数等于主磁极数。

3）电枢电流等于各并联支路电流之和。

4. 单波绕组

设一台直流电动机 $p=2$，$Z=S=K=15$，绘制单波左行绕组展开图。

（1）求各节距

第一节距：$y_1 = Z/2p \pm \varepsilon = (15/4 + 1/4)$ 槽 = 4 槽

合成节距：$y = \dfrac{K-1}{p} = \left(\dfrac{15-1}{2}\right)$ 槽 = 7 槽

第二节距：$y_2 = y - y_1 = (7 - 4)$ 槽 = 3 槽。

（2）绘制绕组展开图　单波绕组展开图如图 1-14 所示。

（3）绕组电路图　单波绕组并联支路电路图如图 1-15 所示，由图可见，单波绕组是把所有上层边在 N 极下的元件串联起来构成一条支路，把所有上层边在 S 极下的元件串联起来构成另一条支路。

由于主磁极只有 N、S 极之分，所以单波绕组的支路对数与磁极对数无关，总是等于 1，即 $a=1$。

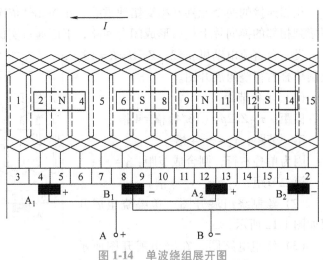

图 1-14　单波绕组展开图

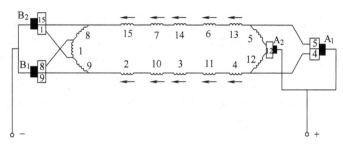

图 1-15 单波绕组并联支路电路图

单波绕组有以下特点：

1）同极性下各元件串联起来组成一条支路，支路对数 $a=1$，与磁极对数 p 无关。

2）电刷杆数也应等于极数（采用全额电刷）。

3）电枢电动势等于支路感应电动势。

不论是发电机或是电动机运行，电枢电动势 E 和电磁转矩 T 均存在。对于电动机，T 为拖动转矩，电枢电动势是与外加电压平衡的反电动势；而对于发电机，T 为制动转矩，电枢电动势是正向电动势，向外输出电压。

想一想：直流电动机是如何旋转起来的？

图 1-16 所示为直流电动机的模型，电刷 A、B 接上直流电源，于是在线圈 abcd 中有电流流过，电流的方向如图中所示。根据电磁力定律可知，载流导体上受到的电磁力 F 为

$$F=B_{X}lI \qquad (1\text{-}2)$$

式中 B_X——导体所在处的磁通密度（$\mathrm{Wb/m^2}$）；

l——导体的长度（m）；

I——导体中的电流（A）。

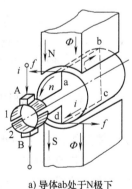
a) 导体ab处于N极下

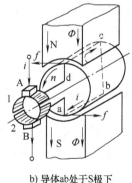
b) 导体ab处于S极下

图 1-16 直流电动机的模型

导体受力的方向用左手定则确定，导体 ab 的受力方向是从右向左，导体 cd 的受力方向是从左向右，如图 1-16a 所示。这一对电磁力形成了作用于电枢的一个力矩，这个力矩在旋转电动机中称为电磁转矩，转矩的方向是逆时针方向，企图使电枢逆时针方向转动。如果此电磁转矩能够克服电枢上的阻转矩（例如由摩擦引起的阻转矩以及其他负载转矩），电枢就

能按逆时针方向旋转起来。当电枢转了 180° 后，导体 ab 转到 S 极下，导体 cd 转到 N 极下时，由于直流电源供给的电流方向不变，仍从电刷 A 流入，经导体 dc、ba 后，从电刷 B 流出。这时导体 cd 受力方向变为从右向左，导体 ab 受力方向是从左向右，产生的电磁转矩的方向仍为逆时针方向。因此，电枢一经转动，由于换向器配合电刷对电流的换向作用，其中导体通过电流的方向总是保证了每个极下线圈边中的电流始终是一个方向，从而形成一种方向不变的转矩，使电动机能连续地旋转。

直流电动机的磁场是怎么产生的？

直流电动机无论是作为发电机运行，还是作为电动机运行，都必须具有一定强度的磁场，所以磁场是直流电动机进行能量转换的媒介。直流电动机的运行特性，在很大程度上也就是磁场特性。

1. 直流电动机的空载磁场

直流电动机不带负载（即不输出功率）时的运行状态称为空载运行。空载运行时，电枢电流为零或近似等于零。所以，空载磁场是指主磁极励磁磁通势单独产生的励磁磁场，也称为主磁场。

注：主磁极上励磁绕组通以直流励磁电流产生的磁通势称为励磁磁通势，励磁磁通势单独产生的磁场称为励磁磁场，又称为主磁场。

图 1-17 为直流电动机空载时的磁场分布情况。图 1-17 表明，当励磁绕组通以励磁电流时，产生的磁通大部分由 N 极出来，经气隙进入电枢齿，通过电枢铁心的磁轭（电枢磁轭）到 S 极下的电枢齿，又通过气隙回到定子的 S 极，再经机座（定子磁轭）形成闭合回路。即主磁极呈磁性，并以 N、S 极间隔均匀地分布在定子内圆周上。由于每对磁极下的磁通所经过的路径不同，根据它们的作用可分为主磁通和漏磁通两类。

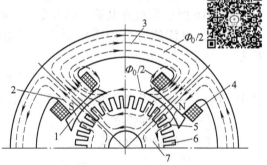

图 1-17 直流电动机空载时的磁场分布情况
1—极靴 2—极身 3—定子铁轭 4—励磁绕组
5—气隙 6—电枢齿 7—电枢铁轭

1) 主磁通：同时与励磁绕组和电枢绕组相匝链的磁通，用 Φ_0 表示。主磁通经过的路径称为主磁路。显然，主磁路由主磁极、气隙、电枢齿、电枢磁轭和定子磁轭 5 部分组成。

2) 漏磁通：另一部分磁通不通过气隙，直接经过相邻磁极或定子磁轭形成闭合回路，这部分磁通仅与励磁绕组匝链，称为漏磁通，用 Φ_σ 表示。它对电动机的能量转换工作毫无用处，相反，还使电动机的损耗加大，效率降低，增大了磁路的饱和程度。一般，$\Phi_\sigma = (15 \sim 20)\% \Phi_0$。

主磁路可以简化为由气隙和铁磁材料两大部分组成。根据磁路定律，产生空载磁场的励磁磁通势 F_f 全部降落于气隙和铁磁材料两大部分中，即励磁磁通势为气隙磁通势和铁磁材料磁通势之和，即 $F_f = F_\delta + F_{Fe}$。由于空气的磁导率比铁磁材料的磁导率小，所以，气隙的磁阻极大。可以认为，磁路的励磁磁通势几乎都消耗在气隙部分。此时的磁场也称之为空载气隙磁场。

2. 直流电动机的负载磁场

1）电枢磁场：直流电动机负载运行时，电枢绕组中便有电流通过，产生电枢磁通势。该磁通势所建立的磁场，称为电枢磁场。

2）合成磁场：电枢磁场与主磁场一起，在气隙内建立一个合成磁场。

下面，以两极直流电动机为例分析直流电动机负载运行的合成磁场的分布，如图 1-18 所示。

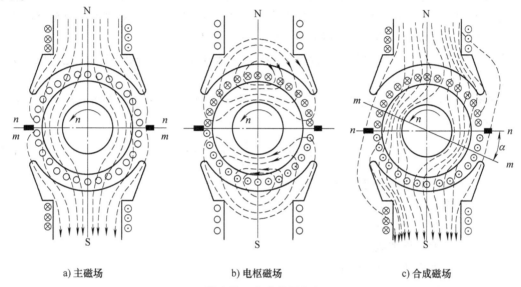

a）主磁场   b）电枢磁场   c）合成磁场

图 1-18 合成磁场分布

图 1-18a 为主磁场的分布情况。按照图中所示的励磁电流方向，应用右手螺旋定则可以确定主磁场的方向。在电枢表面上磁感应强度为零的地方是物理中性线 m-m，它与磁极的几何中性线 n-n 重合，几何中性线与磁极轴线互差 90°电角度，即正交。

图 1-18b 为电枢磁场，它的方向由电枢电流来确定。由图中可以看出，不论电枢如何转动，电枢电流的方向总是以电刷为界限来划分的。在电刷两边，N 极面下的导体和 S 极面下的导体电流方向始终相反，只要电刷固定不动，电枢两边的电流方向就不变。因此，电枢磁场的方向不变，即电枢磁场是静止不动的。根据图上的电流方向，用左手定则可判定该台电动机旋转方向为逆时针。

图 1-18c 为合成磁场，它是由主磁场和电枢磁场共同合成的。比较图 1-18a 和图 1-18c，可见由于负载后电枢磁场的出现，对主磁场的分布有明显的影响。这种电枢磁场对主磁场的影响称为电枢反应。

以图 1-18c 所示直流电动机为例的电枢反应性质是：

1）电枢反应使磁极下的磁力线扭斜，磁通密度分布不均匀，合成磁场发生畸变，使原来的几何中性线 n-n 处的磁感应强度不等于零，磁感应强度为零的位置，即电磁中性线 m-m 顺旋转方向旋转 α 角度，电磁中性线与几何中性线不再重合。

2）电枢反应使每一个磁极下的磁通势发生变化，如 N 极下的左半部分主磁通势被削弱，右半部分的主磁通势被增强。由于电枢磁场磁力线是闭合的，所以电枢磁通势对主磁通势的削弱数量等于主磁通势的增加数量。一般电动机的磁路总是处在比较饱和的非线性区域。这样磁通势增强处（饱和度增加）的铁磁磁阻大于被削弱处（饱和度降低）的磁阻，因此增强的磁通量小于减少的磁通量，故负载时每极合成磁通比空载时每极磁通 Φ_0 略小，称此为电枢反应的去磁作用。因此，负载运行时的感应电动势略小于空载时的感应电动势。

直流电动机的电枢电动势是怎么产生的？

直流电动机的电枢电动势指电动机正、负电刷间的电动势。根据电磁感应定律，一根导体的感应电动势为 $e=Blv$。无论是叠绕组还是波绕组，电枢绕组的电动势就是电枢绕组支路的感应电动势，它等于支路中各串联元件感应电动势之和。

无论直流电动机的电枢绕组的支路数是多少，直流电动机的电刷间的直流电枢电动势总是和某一支路的电动势相等。

根据绕组连接规律，直流电动机每条支路上的导体数为 $N/2a$，其支路电动势就是电刷间的电动势，即

$$E_a = \frac{N}{2a}2p\Phi\frac{n}{60} = \frac{pN}{60a}\Phi n = C_e\Phi n \tag{1-3}$$

式中　E_a——直流电动机的电枢电动势（V）；

　　　p——极对数；

　　　a——并联支路对数；

　　　N——电枢总导体数；

　　　n——电动机转速（r/min）；

　　　Φ——每极磁通（Wb）；

　　　C_e——电动势常数，$C_e = \frac{pN}{60a}$。

N、a、p 为定值，C_e 为常数。

所以直流电动机的感应电动势与磁通和转速之积成正比，它的方向与电枢电流方向相反，在电路中起限制电流的作用。

直流电动机的电磁转矩是如何形成的？

不论是发电机运行，或是电动机运行，电动机内部均存在载流导体和磁场，也就是都存在电磁转矩的问题。在直流电动机中，电磁转矩是由电枢电流与合成磁场相互作用而产生的电磁力所形成的。在电动机运行状态下，电磁转矩为拖动转矩，带动机械负载旋转，输出机械功率；在发电机运行状态下，电磁转矩为制动转矩，阻碍机组旋转，吸收原动机的机械功率。

按电磁力定律，$f=Bli_a$。对于给定电动机，磁感应强度 B 与每极磁通 Φ 成正比；每根导体的电流 i_a 与电刷的电枢电流 I_a 成正比；导线长度 l 为常量。因此，电磁转矩 T 与电磁力 f 成正比，即电磁转矩与每极磁通 Φ 和电枢电流 I_a 的乘积成正比。

电磁转矩和磁通、电枢电流之间的关系为

$$T = C_T\Phi I_a \tag{1-4}$$

式中　C_T——转矩常数，$C_T = \frac{pN}{2\pi a}$；

I_a——电枢电流（A）；

T——电磁转矩（N·m）。

转矩常数与电动势常数之间的关系为

$$\frac{C_T}{C_e} = \frac{60}{2\pi} = 9.55$$

即

$$C_T = 9.55 C_e$$

通常把电磁转矩传递的功率称为电磁功率，用 P_M 来表示。电动机的电磁功率为

$$P_M = T\Omega \tag{1-5}$$

式中　Ω——转子机械角速度，$\Omega = \dfrac{2\pi n}{60}$。因此

$$P_M = T\Omega = \frac{pN}{2\pi a}\Phi I_a \frac{2\pi n}{60} = \frac{pN}{60a}\Phi n I_a = E_a I_a$$

实际直流电动机是有功率损耗的，因此，电磁功率总是小于输入功率而大于输出功率。

直流电动机的基本公式包括电动势平衡方程式、功率平衡方程式和转矩平衡方程式，这些公式反映了直流电动机内部的电磁过程，又表达了电动机内外的机电能量转换。

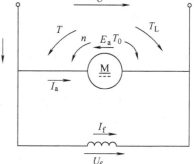

图 1-19　并励直流电动机各物理量

下面让我们了解直流电动机稳定运行时的情况吧！

以并励直流电动机为例，按照电动机惯例，各物理量的参考方向如图 1-19 所示。

让我们首先了解直流电动机电动势平衡方程吧！

根据基尔霍夫定律，可写出电枢回路的电动势平衡方程式为

$$U = E_a + R_a I_a \tag{1-6}$$

式中　R_a——电枢回路总电阻，其中包括电刷和换向器之间的接触电阻，$R_a = r_a + \Delta U_b / I_a$（其中，$r_a$ 为电枢回路串联的各绕组的电阻之和；ΔU_b 为正、负电刷接触电阻上的电压降，随电流的变化而变化，在额定负载时一般取 $\Delta U_b \approx 2V$）；

　　　　I_a——电枢电流，$I_a = I - I_f$。

式（1-6）表明，直流电动机在电动机运行状态下的电枢电动势 E_a 总小于端电压 U。感应电动势 E_a 的方向与电枢电流 I_a 的方向相反，故又称为反电动势。

励磁回路的电压方程式为

$$U_f = R_f I_f$$

直流电动机输入的电能能全部从转轴输出给负载吗？

直流电动机在电能与机械能转换的过程中存在各种损耗，因此电功率并不能完全转换为机械功率。这部分损耗包括机械损耗 P_m、铜损 P_{Cu}、铁损 P_{Fe} 和附加损

耗 P_{ad}。

并励直流电动机的总损耗为

$$\sum P = P_m + P_{Fe} + P_{Cu} + P_{ad} \qquad (1\text{-}7)$$

式中　P_m——机械损耗，包括轴承摩擦、电刷与换向器摩擦、电动机旋转部分与空气的摩擦以及风扇所消耗的功率，与电动机转速有关，当转速一定时，P_m 就几乎为常数；

　　　　P_{Fe}——铁损耗（简称铁损），电枢铁心在气隙磁场中旋转时所产生的磁滞和涡流损耗，与铁心中磁通密度大小和交变频率有关，当励磁电流和转速不变时，P_{Fe} 基本不变。

　　　　P_{Cu}——铜损耗（简称铜损），电枢回路铜损 P_{Cua} 与励磁回路铜损 P_{Cuf} 之和，P_{Cua} 随负载变化而变化，又称为可变损耗；

　　　　P_{ad}——附加损耗，产生原因较复杂，相对较小，难以准确测定和计算，通常按 $P_{ad} = (0.5\% \sim 1\%) P_N$ 估算。

并励直流电动机的功率平衡方程式为

$$P_2 = P_1 - \sum P \qquad (1\text{-}8)$$

式中　P_1——电磁功率，$P_1 = T\Omega$；

　　　　P_2——轴上输出的机械功率，$P_2 = T_2\Omega$；

　　　　$\sum P$——并励直流电动机的总损耗，$\sum P = P_m + P_{Fe} + P_{Cu} + P_{ad}$。

直流电动机的效率为

$$\eta = \frac{P_2}{P_1} \times 100\% = \frac{P_2}{P_2 + \sum P} \times 100\%$$

通常，中小型直流电动机的效率在 75%~80% 之间，大型直流电动机的效率在 85%~94% 之间。

让我们再了解直流电动机转矩平衡方程吧！

稳态运行时，作用在电动机轴上的转矩有三个：一个是电磁转矩 T，方向与转速 n 相同，为拖动转矩；一个为轴上所带的生产机械（负载）的转矩 T_L，其大小等于电动机轴上的输出机械转矩 T_2，一般为制动转矩；还有一个是电动机空载损耗转矩 T_0，是电动机空载运行时的阻转矩，方向总与转速 n 相反，为制动转矩。稳态运行时的转矩平衡关系式为拖动转矩等于总的制动转矩，即

$$T = T_2 + T_0 \qquad (1\text{-}9)$$

式中　T_2——输出机械转矩；

　　　　T_0——空载损耗转矩。

经进一步分析，输出转矩的常用公式为

$$T_2 = \frac{P_2}{\Omega} = \frac{P_2}{\dfrac{2\pi n}{60}} = 9.55 \frac{P_2}{n}$$

在额定情况下，$P_2 = P_N$，$T_2 = T_N$，$n = n_N$，则

$$T_N = 9.55 \frac{P_N}{n_N} \tag{1-10}$$

式中　T_N——额定转矩。

从直流电动机铭牌上能了解电动机的那些信息?

1. 铭牌数据

电动机机座上的铭牌标注着一些数据,它是正确选择和合理使用电动机的依据。

(1) 型号　Z₂-q2

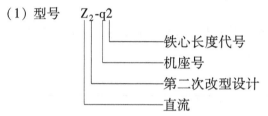

(2) 额定值

1) 额定功率 P_N:在铭牌规定的额定状态下运行时,电动机的输出功率,单位为 W 或 kW。对电动机而言,是指它的转轴上输出的机械功率;对发电机而言,则是指发电机出线端输出的电功率。

2) 额定电压 U_N:额定状态下电动机出线端的电压,单位为 V。

3) 额定电流 I_N:电动机在额定电压、额定功率时的电枢电流值,单位为 A。

4) 额定转速 n_N:额定状态下运行时转子的转速,单位为 r/min。

5) 额定励磁电流 I_{fN}:在额定状态时的励磁电流值。

额定值之间的关系:对发电机,$P_N = U_N I_N$;对电动机,$P_N = U_N I_N \eta_N$。

2. 主要系列

直流电动机多用于对调速要求较高的生产机械上,如轧钢机、电力牵引、挖掘机械、纺织机械等,这是因为直流电动机具有以下突出的优点:

1) 调速范围广,易于平滑调速。

2) 起动、制动和过载转矩大。

3) 易于控制,可靠性较高。

直流发电机可用来作为直流电动机、同步发电机的励磁直流电源以及化学工业中的电镀、电解等设备的直流电源。

与交流电动机相比,直流电动机的结构复杂,维修比较麻烦。随着电力电子技术的发展,由晶闸管整流器件组成的直流电源设备将逐步取代直流发电机。但直流电动机由于其性能优越,在电力拖动自动控制系统中仍占有很重要的地位。利用晶闸管整流电源配合直流电动机而组成的调速系统仍在迅速地发展。

国产的直流电动机种类很多,以下是一些常见的产品系列。

Z2 系列:一般用途的中、小型直流电机,包括发电机和电动机。

Z 和 ZF 系列:一般用途的大、中型直流电机系列,Z 是直流电动机系列,ZF 是直流发电机系列。

ZT 系列:用于恒功率且调速范围比较大的拖动系统里的广调速直流电动机。

ZQ 系列：电力机车、工矿电动机车和蓄电池供电电车用的直流牵引电动机。

ZH 系列：船舶上各种辅助机械用的船用直流电动机。

ZA 系列：防爆安全型直流电动机。

ZKJ 系列：冶金、矿山挖掘机用的直流电动机。

我们了解了直流电动机，每个小组的组员在组长的带领下采用头脑风暴法讨论，根据本项目的任务要求制订项目工作计划。

想一想

学生通过搜集直流电动机选型、拆装及维修等资料，小组讨论，制订完成密封油泵直流电动机选型与运行维护项目的工作计划，填写在表 1-2 中。

表 1-2　密封油泵直流电动机的选型与运行维护项目的工作计划单

工 作 计 划 单				
项　目			学时	
班　级				
组　长		组　员		
序号	内容	人员分工	备注	
学生确认			日期	

【项目设计】

本项目首先要确定适合拖动密封油泵的直流电动机的型号，每个小组需要拆装一台电动机，因此需设计直流电动机的装配流程，最后根据密封油泵的工作特点设计调试电动机的电路。

一、密封油泵直流电动机的选型

选择电动机的步骤和内容主要有：应从被拖动机械、设备的具体要求出发，并考虑使用场所的电源、工作环境、防护等级，以及电动机的功率因数、效率、过载能力、安装方式、传动设备、产品价格、运行和维护费用等情况来选择电动机的电气性能和机械性能，使被选定的电动机能安全、经济、节能和合理地运行。选择电动机的过程中，其功率的确定极为重要，选择原则应该是在电动机能够满足被拖动负载要求的前提下，最经济、合理地确定电动机功率的大小。如果电动机的功率选得过大，不仅使设备投资费用增加，而且会因电动机的长期轻载运行，致使其功率因数和效率降低；相反，若电动机的功率选得过小，电动机将经常过载运行，从而使电动机温升增高、绝缘老化以致使用寿命缩短；此外还有可能出现起动困难和经受不起冲击性负载等情况。因此，必须慎重权衡、正确合理地选择电动机的功率。

对于所选电动机的类型应能够满足生产机械各方面的要求，如被拖动负载的性质、工作制、转速、起动特性、制动要求、过载能力及调速特性等；并应按经济合理的原则来选择电动机的类型，如电流种类、结构形式、电压等级和冷却方法等；同时所选电动机的类型除应能满足生产机械工艺过程的要求外，还应满足电源的要求，如对于供电容量较小的电源，则应考虑起动时保持供电线路电压稳定，以及使电源的功率因数保持在合理范围；此外所选电动机还应适当留有备用功率，一般均使用电动机的负载率为0.75～0.9。电动机的结构形式和绝缘等级应满足安装与使用环境的要求，以保证电动机能够长期、可靠、安全地运行。

要正确选择电动机的功率，必须经过以下计算或比较：

1) 对于恒定负载连续工作方式，如果知道负载的功率（即生产机械轴上的功率）$P_1(kW)$，可按下式计算所需电动机的功率 $P(kW)$：

$$P = P_1/y_1 y_2 \tag{1-11}$$

式中　y_1——生产机械的效率；

　　　y_2——电动机的效率，即传动效率。

按式（1-11）求出的功率，不一定与产品功率相同。因此，所选电动机的额定功率应等于或稍大于计算所得的功率。

【例】　某生产机械的功率为 3.95kW，机械效率为 70%，如果选用效率为 0.8 的电动机，试求该电动机的功率应为多少？

解：$P = P_1/y_1 y_2 = 3.95/(0.7 \times 0.8)kW = 7.1kW$

由于没有 7.1kW 这一规格，所以选用 7.5kW 的电动机。

2) 对于短时工作定额的电动机，与功率相同的连续工作定额的电动机相比，最大转矩大，重量小，价格低。因此，在条件许可时，应尽量选用短时工作定额的电动机。

3) 对于断续工作定额的电动机，其功率的选择要根据负载持续率的大小，选用专门用于断续运行方式的电动机。负载持续率 $F_s\%$ 的计算公式为

$$F_s\% = t_g/(t_g + t_o) \times 100\% \tag{1-12}$$

式中　t_g——工作时间；

　　　$t_g + t_o$——工作周期时间，t_o 为停止时间。

此外，也可用类比法来选择电动机的功率。所谓类比法，就是与类似生产机械所用电动机的功率进行对比。具体做法是：了解本单位或附近其他单位的类似生产机械使用多大功率的电动机，然后选用相近功率的电动机进行试车。试车的目的是验证所选电动机与生产机械是否匹配。验证的方法是：使电动机带动生产机械运转，用钳形电流表测量电动机的工作电流，将测得的电流与该电动机铭牌上标出的额定电流进行对比。如果电动机的实际工作电流与铭牌上标出的额定电流上下相差不大，则表明所选电动机的功率合适。如果电动机的实际工作电流比铭牌上标出的额定电流低 70% 左右，则表明电动机的功率选得过大（即"大马拉小车"），应调换功率较小的电动机。如果测得的电动机工作电流比铭牌上标出的额定电流大 40% 以上，则表明电动机的功率选得过小（即"小马拉大车"），应调换功率较大的电动机。不同负载时功率因数与效率参考表见表 1-3。

表 1-3　不同负载时功率因数与效率参考表

负载情况	空载	1/4 负载	1/2 负载	3/4 负载	满载
功率因数	0.2	0.5	0.77	0.85	0.89
效率	0	0.78	0.85	0.88	0.895

对于泵类驱动电动机选择时，应按下面的原则进行选择和计算。

（一）泵功率的计算方法

1. 根据功率的计算公式

$$P = mgh/t = (\rho V/t)gh = \rho(V/t)gh = \rho Qhg$$

得出泵的轴功率为

$$P_{泵轴} = \rho Qhg/(1000\eta) \tag{1-13}$$

式中　$P_{泵轴}$——泵的轴功率（kW）；

ρ——密度（kg/m³）；

Q——流量（L/s）；

h——扬程（m）；

g——重力加速度，$g=9.8\text{m/s}^2$；

η——效率。

2. 代入数值进行计算

例如，水泵流量为 7000L/min，扬程为 25m，泵的效率为 0.83。则水泵的轴功率为

$$P = [1.0\times(7000/60)\times25\times9.8]\text{kW}/(0.83\times1000) = 34.5\text{kW}$$

相匹配的电动机功率则为 37kW。

3. 水泵轴功率的经验公式（密度为 1）

$$P_{泵轴} = \frac{Qh}{1000\eta}\times0.164 \tag{1-14}$$

式中　$P_{泵轴}$——水泵轴功率（kW）；

Q——流量（L/min）；

h——扬程（m）；

η——效率。

式（1-14）中的 0.164＝9.81/60，注意这里流量的单位是 L/min，但有时候给出的流量单位是 L/s。

（二）泵的流量、扬程、轴功率和转速之间的关系

泵的流量正比于转速：

$Q_1/Q_2 = n_1/n_2$　〈转速高一点点，流量也只大一点点〉

泵的扬程正比于转速的二次方：

$H_1/H_2 = (n_1/n_2)^2$　〈转速高一点点，扬程会按二次方关系增大〉

所以泵的轴功率正比于转速的三次方（仍然可以从前面的公式得出）：

$P_1/P_2 = (n_1/n_2)^3$　〈转速高一点点，轴功率会按三次方关系增加〉

所以变频控制的水泵会根据生产的实际需要调节转速，以满足流量和扬程需要（自控阀就不具备这个能力了），从而以最合适的轴功率运行，可以节约大量的电能，还能延长泵

叶轮的更换周期。

让我们再了解一下直流电动机的工作特性吧！

直流电动机的工作特性是选用直流电动机的一个重要依据。励磁方式不同，工作特性差别很大，但他励直流电动机和并励直流电动机的工作特性很相近。下面着重讲他励直流电动机的工作特性。

他励直流电动机的工作特性如下：当外加电压为额定值（即 $U=U_N$），励磁电流为额定值（即 $I_f=I_{fN}$），电枢回路附加电阻为零时，电动机的转速 n、电磁转矩 T、效率 η 与电枢电流 I_a 之间的关系，即他励直流电动机的工作特性曲线，如图 1-20 所示。

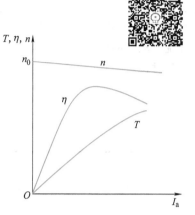

图 1-20 他励直流电动机的工作特性

直流电动机的额定励磁电流是这样规定的：当直流电动机加上额定电压，带上负载后，电枢电流、转速、输出的机械功率都达到额定值时，电动机的励磁电流为额定励磁电流，即 $I_f=I_{fN}$。

1. 转速特性 $n=f(I_a)$

根据直流电动机电动势平衡方程式：$U=C_e\Phi n - R_a I_a$，可得转速特性为

$$n=\frac{U-I_a R_a}{C_e\Phi}=\frac{U_N}{C_e\Phi_N}-\frac{R_a}{C_e\Phi_N}I_a=n_0-\beta I_a \qquad (1-15)$$

式中　n_0——空载转速；

　　　β——斜率。

由式（1-15）可知，当电枢电流 I_a 增加时，如气隙磁通不变，转速 n 将随 I_a 增加而直线下降。一般他励直流电动机的电枢回路电阻 R_a 值很小，转速下降不多。如果考虑去磁的电枢反应，Φ 会变小，转速下降将会更小些。

2. 转矩特性 $T=f(I_a)$

由 $T=C_T\Phi I_a$ 可知，当气隙磁通不变时，电磁转矩 T 与电枢电流 I_a 成正比，转矩特性应是直线关系。实际上，随着电枢电流 I_a 的增加，气隙磁通必略有减少，因此转矩特性略有减小。

3. 效率特性 $\eta=f(I_a)$

直流电动机的效率为 $\eta=\dfrac{P_1-\sum P}{P_1}$，

式中，$\sum P=I_a^2 R_a+P_{Fe}+P_m+P_{ad}$。

可见，当电流较小时，$\sum P$ 随着电流 I_a 的增大，增加较慢，效率 η 增加较快；当电流 I_a 较大时，$\sum P$ 随着电流 I_a 的增大，增加较快，效率 η 增加较慢。在达到一定 I_a 时，η 达到最大值，之后随电流 I_a 的增加，效率 η 反而减小。

在额定负载时，小容量电动机的效率为 $0.75\sim0.85$；中大容量电动机的效率在 $0.85\sim0.94$ 之间。

了解直流电动机的选型方法后，每个小组结合查找的直流电动机选型相关资料，完成密封油泵直流电动机的选型。

做一做

油泵型号：PSNH210-54-S1
直流电动机型号：
计算过程：

二、密封油泵直流电动机的装配流程

直流电动机的拆装按照下面步骤进行：
1）做好线头对应的标记。
2）做好端盖与机座口处的标记。
3）做好联轴器与电动机轴伸端的标记。
4）用拉具拉下联轴器。
5）拆卸直流电动机：拆下换向器端盖（后端盖）上通风窗的螺栓，取出电刷，拆下接在刷杆上的连接线；拆下换向器端盖的螺栓、轴承盖螺栓，取下轴承外盖；拆下换向器盖；拆下轴伸端（前端盖）的螺栓，抽出定子（注意保护好换向器和电枢绕组）；拆下前端盖上轴承盖螺栓，取下轴承外盖。
6）清除电动机内部的灰尘、杂物。
7）更换润滑油。
8）测量绝缘电阻。
装配步骤与拆卸相反。
每个小组根据所查资料设计密封油泵直流电动机的装配流程图。

三、密封油泵直流电动机起动电路的设计

 让我们首先了解一下直流电动机的机械特性吧！

直流电动机的机械特性是电动机在电枢电压、励磁电流、电枢回路电阻为恒值的条件下，即电动机稳态运行时，电动机的转速与电磁转矩之间的关系。

1. 机械特性方程式

$$n = f(T)$$

他励直流电动机的电路如图 1-21 所示。

由图可知

$$\begin{cases} U = E_a + R_a I_a \\ E_a = C_e \Phi n \\ T = C_T \Phi I_a \end{cases}$$

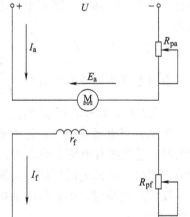

图 1-21 他励直流电动机电路原理图

由以上关系式可得他励直流电动机的机械特性方程式为

$$n = \frac{U}{C_e\Phi} - \frac{R}{C_e C_T \Phi^2}T = n_0 - \beta T = n_0 - \Delta n \tag{1-16}$$

式中　R——电枢电阻和电枢外串电阻的总电阻，$R = R_a + R_{pa}$；

　　　n_0——$T=0$ 时的转速，称为理想空载转速，由于电动机因摩擦等原因存在一定的空载转矩 $T_0 \neq 0$，故实际空载转速略小于 n_0；

　　　β——机械特性的斜率，β 越大，机械特性越软；

　　　Δn——转速降。

由于 C_e、C_T 是由电动机结构决定的常数，当 U、R、Φ 的数值不变时，转速 n 与电磁转矩 T 为线性关系。他励直流电动机的机械特性如图 1-22 所示。

2. 机械特性的分类

他励直流电动机的机械特性分为固有机械特性和人为机械特性。

（1）固有机械特性　当电动机中的电源电压、磁通为额定值，电枢回路未接附加电阻时的机械特性称为固有机械特性，也称自然特性。由以上条件得到固有机械特性方程式为

$$n = \frac{U_N}{C_e\Phi_N} - \frac{R_a}{C_e C_T \Phi_N^2}T$$

由于电枢电阻 R_a 较小，Φ_N 数值大，所以特性曲线斜率 β 小，固有机械特性曲线为硬特性。

（2）人为机械特性　人为机械特性就是人为地改变电枢电压、磁通和电枢回路串电阻等一个或几个参数的特性。

1）电枢串电阻时的人为机械特性。保持电源电压和磁通为额定值，当他励直流电动机的电枢回路中串入电阻 R_{pa} 时，电枢回路总电阻 $R = R_a + R_{pa}$，此时的人为机械特性方程式为

$$n = \frac{U_N}{C_e\Phi_{N25}} - \frac{R_a + R_{pa}}{C_e C_T \Phi_N^2}T \tag{1-17}$$

从式（1-17）可知，理想空载转速 n_0 不变，机械特性的斜率 β 随着串电阻的增大而增大，机械特性的硬度减小，特性曲线变软，如图 1-23 所示。由图 1-23 可知，电枢回路串入不同电阻时，电动机的转速发生变化，因此可通过电枢回路串电阻进行调速。

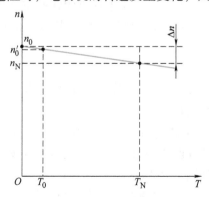

图 1-22　他励直流电动机的
机械特性

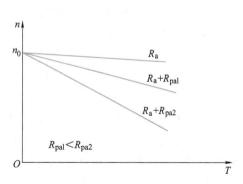

图 1-23　他励直流电动机电枢回路串电
阻的人为机械特性

2）改变电枢电压时的人为机械特性。当磁通为额定值，电枢回路不串联电阻时，改变电枢外加电压的人为机械特性方程式为

$$n = \frac{U}{C_e \Phi_N} - \frac{R_a}{C_e C_T \Phi_N^2} T \tag{1-18}$$

由式（1-18）可知，降低电枢电压后，理想空载转速 n_0 与电压 U 成正比下降，特性曲线的斜率 β 保持不变。因此在降低电枢电压的情况下，人为机械特性是一组平行线，如图1-24所示。

3）减弱磁通时的人为机械特性。当电枢电压为额定值、电枢回路不串接电阻时，改变磁通的人为机械特性方程式为

$$n = \frac{U_N}{C_e \Phi} - \frac{R_a}{C_e C_T \Phi^2} T \tag{1-19}$$

由式（1-19）可知，理想空载转速 n_0 与磁通成反比，磁通 Φ 减弱，n_0 增大；斜率 β 与磁通 Φ 成反比，磁通减弱会使斜率增大。减弱磁通时人为机械特性曲线如图1-25所示。

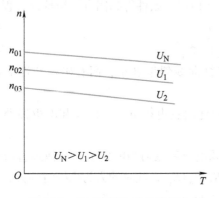

图 1-24　他励直流电动机降低电枢电压时的人为机械特性

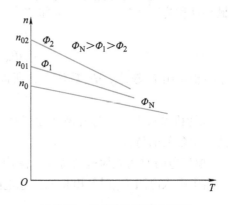

图 1-25　他励直流电动机减弱磁通时的人为机械特性

电动机所带负载的特性是怎样的？

生产机械的负载特性也称为负载转矩特性，简称负载特性，是电动机的转速与负载转矩之间的关系 $n = f(T_L)$，即负载的机械特性，大致可分为三类：恒转矩负载特性、恒功率负载特性、泵与风机类负载特性。

1. 恒转矩负载特性

恒转矩负载特性是指生产机械的负载转矩 T_L 与转速 n 无关的特性，即 T_L 为常数。恒转矩负载又分为反抗性恒转矩负载和位能性恒转矩负载两种。

（1）反抗性恒转矩负载机械特性　反抗性恒转矩负载的特点是：负载转矩 T_L 的大小恒定不变，负载转矩的方向总是与转速的方向相反，特性曲线为第一、三象限内的直线，如机床的平移机构等。反抗性恒转矩负载机械特性曲线如图1-26所示。

（2）位能性恒转矩负载机械特性　位能性恒转矩负载的特点是：不仅负载转矩 T_L 的大小恒定不变，负载转矩的方向也恒定不变，特性曲线为第一、四象限内的直线，如重物的提升与下放等。位能性恒转矩负载机械特性曲线如图1-27所示。

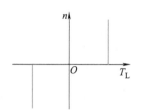
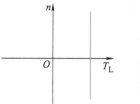

图 1-26　反抗性恒转矩负载机械特性曲线　　图 1-27　位能性恒转矩负载机械特性曲线

2. 恒功率负载特性

恒功率负载的特点是：负载转矩与转速的乘积为一常数，即负载转矩 T_L 与转速 n 成反比，特性曲线为一条双曲线，负载特性如图 1-28 所示。例如机床粗加工时，切削量大，负载转矩大，用低速档；精加工时，切削量小，负载转矩小，用高速档。

3. 泵与风机类负载特性

泵与风机类负载的特点是：负载的转矩 T_L 基本上与转速 n 的二次方成正比。负载特性为一条抛物线，负载特性如图 1-29 所示。

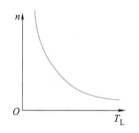
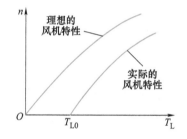

图 1-28　恒功率负载特性曲线　　　　图 1-29　泵与风机类负载特性

　电力拖动系统怎样才能稳定运行？

电力拖动系统的稳定运行，就是系统因外界因素的干扰离开平衡状态，在外界因素消失后，仍能恢复到原来的平衡状态，或在新的条件下达到新的平衡状态。

电力拖动系统稳定运行的充分必要条件是

$$\begin{cases} T = T_L \\ \dfrac{dT}{dn} < \dfrac{dT_L}{dn} \end{cases}$$

处于某一转速下运行的电力拖动系统，由于受到某种扰动，导致系统的转速发生变化而离开原来的平衡状态，如果系统能在新的条件下达到新的平衡状态，或者当扰动消失后系统回到原来的转速下继续运行，则系统是稳定的，否则系统是不稳定的。

电力拖动系统稳定运行分析如图 1-30 所示，在 A 点，系统平衡，$T_{em} = T_L$。扰动使转速有微小增量，转速由 n_A 上升到 n_A'，$T_{em} < T_L$，扰动消失，系统减速，回到 A 点运行。扰动使转速由 n_A 下降到 n_A''，$T_{em} > T_L$，扰动消失，系统加速，回到 A 点运行。

电力拖动系统不稳定运行分析如图 1-31 所示，在 B 点，系统平衡，$T_{em} = T_L$。扰动使转速由 n_B 上升到 n_B'，$T_{em} > T_L$，即使扰动消失，系统也将一直加速，不能回到 B 点运行。

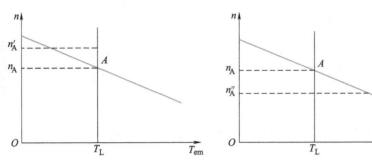

图 1-30　电力拖动系统稳定运行分析

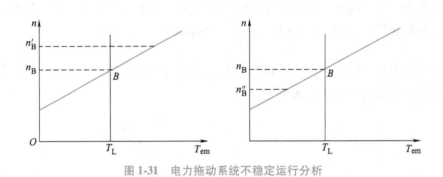

图 1-31　电力拖动系统不稳定运行分析

扰动使转速由 n_B 下降到 n_B''，$T_{em} < T_L$，系统将一直减速，不可能回到 B 点运行。

电力拖动系统稳定运行的充分必要条件是：

1. 必要条件

电动机的机械特性与负载转矩特性有交点，即存在 $T_{em} = T_L$。

2. 充分条件

在交点 $T_{em} = T_L$ 处满足 $\dfrac{dT_{em}}{dn} < \dfrac{dT_L}{dn}$，或者说，在交点的转速以上存在 $T_{em} < T_L$，在交点的转速以下存在 $T_{em} > T_L$。

直流电动机的起动有哪几种方法呢?

直流电动机应在起动电流不超过容许值的情况下，获得尽可能大的起动转矩。直流电动机有以下三种起动方法：直接起动、电枢回路串电阻起动和减压起动。

1. 直接起动

直接起动不需附加起动设备，操作简便，但主要缺点是起动电流较大，使电网受到电流冲击，且使电动机换向恶化。因此，直接起动一般只适用于功率不大于 1kW 的电动机。

2. 电枢回路串电阻起动

在电枢回路内串入起动电阻，以限制起动电流。起动电阻通常为一分级可变电阻，在起动过程中逐级短接。在生产实际中，如果能够做到适当选用各级起动电阻，那么串电阻起动由于其起动设备简单、经济和可靠，同时可以做到平滑快速起动，因而得到广泛应用。但对于不同类型和规格的直流电动机，对起动电阻的级数要求也不尽相同。

电动机起动时，励磁电路的调节电阻 $R_{pf}=0$，使励磁电流 I_f 达到最大。电枢回路串接附加电阻 R_{st}，电动机加上额定电压，R_{st} 的数值应使 I_{st} 不大于允许值。为了缩短起动时间，保证电动机在起动过程中的电枢串电阻起动机械特性加速度不变，就要求在起动过程中电枢电流维持不变，因此，随着电动机转速的升高，就应将起动电阻平滑地切除，最后调节电动机的转速达到运行值。其机械特性如图 1-32 所示。

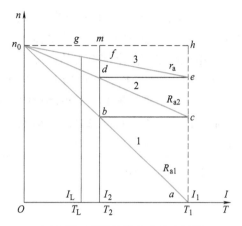

图 1-32　直流他励电动机电枢回路串电阻起动机械特性

3. 减压起动

减压起动只能在电动机有专用电源时才能采用。起动时降低电源电压，起动电流将随电压的降低而成正比减小，电动机起动后，再逐步提高电源电压，使电磁转矩维持在一定数值，保证电动机按需要的加速度升速。减压起动需要专用电源，设备投资较大，但它起动电流小，升速平稳，并且起动过程中能量消耗也小，因而得到广泛应用。

做一做

我们已了解直流电动机的各种起动方法，下面大家了解一下由时间继电器控制的他励直流电动机起动控制电路，如图 1-33 所示。

工作过程如下：合上电源开关 QS_1、QS_2，励磁绕组通以额定励磁电流，此电流使电流继电器 KA 动作，其常开触点闭合。与此同时，时间继电器 KT_1 和 KT_2 的线圈通电，其延时闭合的常闭触点立即断开，使接触器 KM_2、KM_3 线圈均不通电。然后，按下起动按钮 SB_2，接触器 KM_1 线圈通电，其常开主触点和自锁触点闭合，电动机在电枢回路串入全部电阻情况下开始起动。

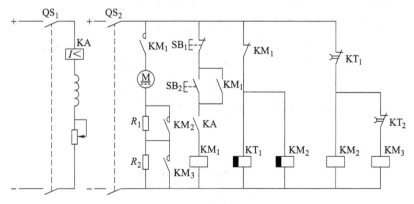

图 1-33　他励直流电动机串联两级电阻起动控制电路

KM_1 线圈通电后，其常闭触点同时断开，使时间继电器 KT_1、KT_2 线圈断电，经过一段延时后，KT_1 延时闭合的常闭触点闭合，使接触器 KM_2 线圈通电，其常开主触点闭合，将

电阻 R_1 短接，电动机在电枢回路串入电阻 R_2 的情况下继续升速。又经过一段延时后，KT_2 延时闭合的常闭触点闭合，使接触器 KM_3 线圈通电，其常开触点闭合，将电阻 R_2 短接，电动机在电枢回路切除全部电阻的情况下继续加速直至起动完毕，进入正常运行。

按下停止按钮 SB_1，接触器 KM_1 断电释放，电动机停转。

每个小组根据了解的直流电动机的各种起动方法，参考他励直流电动机串联两级电阻起动控制电路，根据密封油泵直流电动机的特点，结合查找的电动机起动的资料，设计绘制出密封油泵直流电动机的起动电路。

密封油泵直流电动机的起动电路：

四、密封油泵直流电动机制动电路的设计

 直流电动机的制动有哪几种方法呢？

电动机有两种运行状态：当 T_{em} 与 n 的方向相同时，电动机运行于电动机状态；当 T_{em} 与 n 方向相反时，电动机运行于制动状态。直流电动机有三种制动方法：能耗制动、反接制动和回馈制动。

1. 能耗制动

在电动状态，开关 S 投向上，电枢电流、电枢电动势、转速及驱动性质的电磁转矩如图 1-34 实线所示。制动时，将开关 S 投向制动电阻。由于惯性，电枢保持原来方向继续旋转，电动势 E_a 方向不变。由 E_a 产生的电枢电流 I_a 的方向与电动状态时的方向相反，对应的电磁转矩方向相反，为制动性质，电动机处于制动状态。制动运行时，电动机靠生产机械的惯性力的拖动而发电，将生产机械储存的动能转换成电能，消耗在电阻上，直到电动机停止转动。能耗制动接线图如图 1-34 所示。

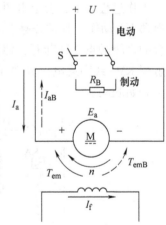

图 1-34　能耗制动接线图

能耗制动时的机械特性为

$$n = -\frac{R_a + R_B}{C_e C_T \Phi_N^2} T_{em} = -\frac{R_a + R}{C_e \Phi_N}$$

能耗制动时的机械特性是一条通过原点的直线，如图 1-35 所示。A 点为电动机状态工作点；B 点为制动瞬间工作点；BO 为制动过程工作段；O 点为电动机带位能性负载时的稳定工作点。C 点为电动机拖动反抗性负载时，电动机停转点。

改变制动电阻 R_B 的大小可以改变能耗制动特性曲线的斜率，从而可以改变制动转矩及

下放负载的稳定速度。R_B 越小，特性曲线的斜率越小，起始制动转矩越大，而下放负载的速度越小。但制动电阻越小，制动电流越大。选择制动电阻的原则是

$$I_{aB} = \frac{E_a}{R_a + R_B} \leqslant I_{max} = (2 \sim 2.5)I_N$$

$$R_B \geqslant \frac{E_a}{(2 \sim 2.5)I_N} - R_a$$

其中，E_a 为制动瞬间的电枢电动势。能耗制动操作简单，但随着转速下降，电动势减小，制动电流和制动转矩也随着减小，制动效果变差。若为了尽快停转电动机，可在转速下降到一定程度时，切除一部分制动电阻，增大制动转矩。

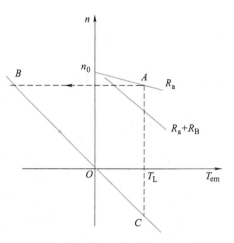

图 1-35 能耗制动时的机械特性

2. 反接制动

（1）电源反接制动 电源反接制动时接线图如图 1-36 所示，开关 S 投向"电动"侧时，电枢接正极电压，电动机处于电动状态。进行制动时，开关投向"制动"侧，电枢回路串入制动电阻 R_B 后，接上极性相反的电源电压，电枢回路内产生反向电流：

$$I_{aB} = \frac{-U - E_a}{R_a + R_B} = -\frac{U + E_a}{R_a + R_B}$$

反向的电枢电流产生反向的电磁转矩，从而产生很强的制动作用。

电源反接制动的机械特性可表示为

$$n = -\frac{U_N}{C_e \Phi_N} - \frac{R_a + R_B}{C_e C_T \Phi_N^2} T_{em} = -n_0 - \beta T_{em}$$

机械特性曲线如图 1-37 所示。

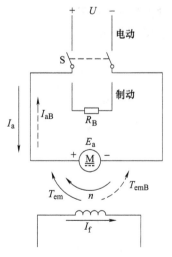

图 1-36 电源反接制动时接线图

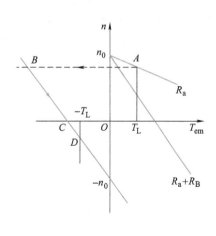

图 1-37 电源反接制动机械特性

制动过程中，U、I_a、T_{em} 均为负，而 E_a、n 为正。

$$P_1 = UI_a > 0$$

表明电动机从电源吸收电功率。

$$P_2 = T_2\Omega \approx T_{em}\Omega < 0$$

表明电动机从轴上吸收机械功率。

$$P_{em} = E_a I_a < 0$$

表明轴上输入的机械功率转变为电枢回路电功率。可见，反接制动时，从电源输入的电功率和从轴上输入的机械功率转变成的电功率一起消耗在电枢回路电阻上。

（2）倒拉反转反接制动　倒拉反转反接制动适用于位能性恒转矩负载。正向电动状态提升重物（A 点），制动时电枢回路串入较大电阻 R_B，在负载作用下电动机反向旋转（下放重物），电动机以稳定的转速下放重物于 D 点。

倒拉反转反接制动的机械特性如图 1-38 所示。

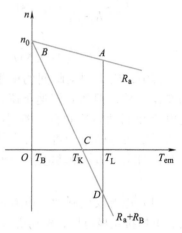

图 1-38　倒拉反转反接制动的机械特性

倒拉反转反接制动时的机械特性方程就是电动状态下电枢串电阻时的人为机械特性方程。由于串入电阻很大，有倒拉反转反接制动的机械特性在第四象限的部分。能量关系和电压反接制动时相同，即

$$n = n_0 - \frac{R_a + R_B}{C_e C_T \Phi_N^2} T_L < 0$$

3. 回馈制动

电动状态下运行的电动机，在某种条件下会出现 $n > n_0$ 的情况，此时 $E_a > U$，电枢电流反向，电磁转矩反向，由驱动变为制动。从能量方向看，电动机处于发电状态-回馈制动状态。稳定运行有两种情况：当电车下坡时，运行转速可能超过理想空载转速，进入第二象限；电压反接制动带位能性负载进入第四象限。

回馈制动时的机械特性方程与电动状态时相同。在回馈制动状态下有以下两种情况：

降压调速时产生的回馈制动如图 1-39 所示，制动过程为 $n_{02}-C$ 段。

增磁调速时产生的回馈制动如图 1-40 所示，制动过程为 $B-n_{02}$ 段。

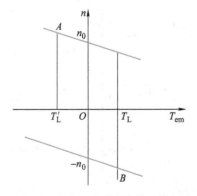

图 1-39　降压调速时产生的回馈制动

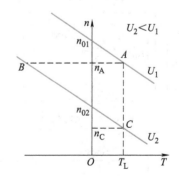

图 1-40　增磁调速时产生的回馈制动

回馈制动时由于有功功率回馈到电网，因此与能耗反接制动相比，回馈制动是比较经济的。

做一做

我们已了解直流电动机的各种制动方法，下面介绍直流电动机能耗制动和反接制动两种控制电路。

1. 能耗制动控制电路

图 1-41 所示为采用三级制动电阻的他励直流电动机能耗制动控制电路。

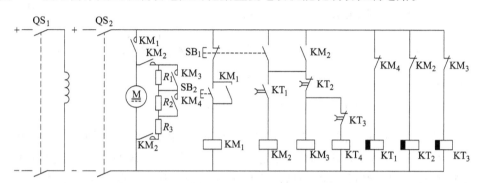

图 1-41　他励直流电动机能耗制动控制电路

制动过程如下：按停止按钮 SB_1，接触器 KM_1 断电释放，电动机电枢绕组脱离电源。与此同时，接触器 KM_2 通过已经闭合的时间继电器 KT_1 常开触点而通电并自锁，全部制动电阻（$R_1+R_2+R_3$）接于电枢回路，开始进入能耗制动。这时，电动机转向及感应电动势方向不变，并且感应电动势成为电枢回路的电源，电动机电枢电流方向改变，因此电磁转矩方向也随之改变，成为制动转矩，使电动机迅速减速。在接触器 KM_2 通电的同时，其常闭触点断开，时间继电器 KT_2 断电释放，经过一段延时后，KT_2 延时闭合的常闭触点闭合，使接触器 KM_3 线圈通电，通过其闭合的常开触点将电阻 R_1 短接。此时，总制动电阻减小为（R_2+R_3），使得电动机减速后能保持较大的电枢电流和制动转矩，加快减速。同理，在接触器 KM_3 通电的同时，其常闭触点断开，时间继电器 KT_3 断电释放，经过一段延时后，KT_3 延时闭合的常闭触点闭合，使接触器 KM_4 线圈通电，通过其闭合的常开触点将电阻 R_2 短接。此时，总制动电阻减小为 R_3，又维持了较大的制动转矩，加快减速。在接触器 KM_4 通电的同时，其常闭触点断开，时间继电器 KT_1 断电释放，经过一段延时后，其延时断开的常开触点断开，使接触器 KM_2 断电释放，制动过程结束，这时电动机转速已很低或停转。

2. 反接制动控制电路

他励直流电动机的反接制动是把正在运转的电动机电枢两端电压反接，而励磁电流的大小和方向保持不变。为防止反接制动时电枢电流过大，电枢回路中必须串入限流电阻。图 1-42 为他励直流电动机反接制动控制电路。

制动过程如下：按下停止按钮 SB_1，接触器 KM_1 断电释放，其常闭触点闭合，使接触器 KM_2 线圈通电，其常开触点闭合，将加在电动机电枢两端的电源极性反向，而感应电动势方向不变，这时加在电枢回路上的电压为电源与感应电动势之和，为防止电枢电流过大，串入的制动电阻不能太小，以最大电枢电流大约为两倍额定电流为宜。此时电动机电枢电流方向与制动前的方向相反，电磁转矩变为制动转矩，使电动机迅速减速。

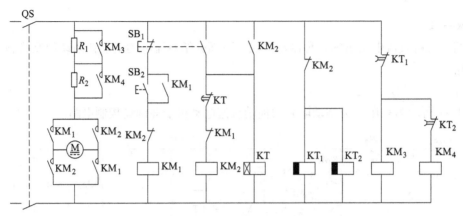

图 1-42　他励直流电动机反接制动控制电路

接触器 KM_2 线圈通电的同时，时间继电器 KT 通电，而时间继电器 KT_1、KT_2 断电，经过一段延时后，KT_1 延时闭合的常闭触点闭合，使接触器 KM_3 线圈通电，通过其闭合的常开触点将电阻 R_1 短接。经过一段延时后，KT_2 延时闭合的常闭触点闭合，使接触器 KM_4 线圈通电，通过其闭合的常开触点将电阻 R_2 短接。经过一段延时后，KT 延时断开的常闭触点断开，使接触器 KM_2 断电释放，电动机电枢两端脱离电源，反接制动结束。

每个小组根据所了解直流电动机的各种制动方法，参考他励直流电动机能耗制动控制电路和反接制动控制电路，根据密封油泵电动机的特点，结合查找的电动机制动的资料，设计绘制出密封油泵拖动电动机的制动电路。

密封油泵拖动电动机的制动电路：

五、密封油泵直流电动机调速电路的设计

直流电动机的调速有哪些方法呢？

为了使生产机械以最合理的高速进行工作，从而提高生产率和保证产品具有较高的质量，大量的生产机械（如各种机床，轧钢机、造纸机、纺织机械等）要求不同情况下以不同的速度工作。这就需要采用一定的方法来改变生产机械的工作速度，以满足生产的需要，这种方法通常称为调速。

调速是速度调节的简称，是指在某一不变的负载条件下，人为地改变电路的参数，而得到不同的速度。调速与因负载变化而引起的转速变化是不同的。调速是主动的，它需要人为地改变电气参数，从而转换机械特性。负载变化时的转速变化不是自动进行的，是被动的，

且这时电气参数未变。

调速可用机械方法、电气方法或机械电气配合的方法。在用机械方法调速的设备上，速度的调节是用改变传动机构的速度比来实现的，但机械变速机构较复杂；用电气方法调速，电动机在一定负载情况下可获得多种转速，电动机可与工作机构同轴，或其间只用一套变速机构，机械上较简单，但电气上可能较复杂；在机械电气配合的调速设备上，用电动机获得几种转速，配合用几套（一般用 3 套左右）机械变速机构来调速。究竟用何种方案，以及机械电气如何配合，要全面考虑，有时要进行各种方案的技术经济比较，才能决定。

在选择和评价某种调速系统时，应考虑下列指标：调速范围、调速的相对稳定性及静差度、调速的平滑性、调速时的容许输出、经济性等。

1. 技术指标

（1）调速范围　调速范围是指在一定的负载转矩下，电动机可能运行的最大转速 n_{max} 与最小转速 n_{min} 之比，即

$$D = \frac{n_{max}}{n_{min}} \tag{1-20}$$

近代机械设备制造的趋势是力图简化机械结构，减少齿轮变速机构，从而要求拖动系统能具有较大的调速范围。不同生产机械要求的调速范围是不同的，例如车床 $D = 20 \sim 120$，龙门刨床 $D = 10 \sim 40$，机床的进给机构 $D = 5 \sim 200$，轧钢机 $D = 3 \sim 120$，造纸机 $D = 3 \sim 20$ 等。

电力拖动系统的调速范围，一般是机械调速和电气调速配合实现的。那么，系统的调速范围就应该是机械调速范围与电气调速范围的乘积。在这里，主要研究电气调速范围。在决定调速范围时，需要使用计算负载转矩下的最高转速和最低转速，但一般计算负载转矩大致等于额定转矩，所以可取额定转矩下的最高转速和最低转速的比值作为调速范围。

由式（1-20）可见，要扩大调速范围，必须设法尽可能地提高 n_{max} 与降低 n_{min}。但电动机受其机械强度、换向等方面的限制，一般在额定转速以上，转速提高的范围是不大的，而降低 n_{min} 受低速运行时的相对稳定性的限制。

（2）调速的相对稳定性和静差度　所谓相对稳定性，是指负载转矩在给定的范围内变化时所引起的速度的变化，它取决于机械特性的斜率。斜率大的机械特性在发生负载波动时，转速变化较大，这要影响到加工质量及生产率。生产机械对机械特性的相对稳定性的程度是有要求的。如果低速时机械特性较软，相对稳定性较差，低速就不稳定，负载变化时，电动机转速可能变得接近于零，甚至可能使生产机械停下来。因此，必须设法得到低速硬特性，以扩大调速范围。

静差度（又称静差率）是指当电动机在一条机械特性上运行时，由理想空载到满载时的转速降落与理想空载转速 n_0 的比值，用百分数表示，即 $\delta = \frac{\Delta n}{n_0} \times 100\%$，在一般情况下，取额定转矩下的速度落差 Δn_N，有

$$\delta = \frac{\Delta n_N}{n_0} \times 100\% \tag{1-21}$$

静差度的概念和机械特性的硬度很相似，但又有不同之处。两条互相平行的机械特性，硬度相同，但静差率不同。例如高转速时机械特性的静差度与低转速时机械特性的静差度相比较，在硬度相等的条件下，前者较小。同样硬度的特性，转速越低，静差率越大，越难满

足生产机械对静差率的要求。

由式（1-21）可以看出，在n_0相同时，斜率越大，静差度越大，调速的相对稳定性越差；在斜率相同的条件下，n_0越低，静差度越大，调速的相对稳定性越差。显然，电动机的机械特性越硬，则静差度越小，相对稳定性就越高。

（3）调速的平滑性　调速的平滑性是指在一定的调速范围内，相邻两级速度变化的程度，用平滑系数φ表示，即

$$\varphi = \frac{n_i}{n_{i-1}} \tag{1-22}$$

式中，n_i和n_{i-1}为i级与$i-1$级的速度，这是相邻两级。

这个比值越接近于1，调速的平滑性越好。在一定的调速范围内，可能得到的调节转速的级数越多，则调速的平滑性越好，最理想的是连续平滑调节的"无级"调速，其调速级数趋于无穷大。

（4）调速时的容许输出　调速时的容许输出是指电动机在得到充分利用的情况下，在调速过程中能够输出的功率和转矩。对于不同类型的电动机采用不同的调速方法时，容许输出的功率与转矩随转速变化的规律是不同的。另外，电动机稳定运行时的实际输出的功率与转矩是由负载的需要来决定的。在不同转速下，不同的负载需要的功率P_2与转矩T_2也是不同的，应该使调速方法适应负载的要求。

2. 经济指标

在设计选择调速系统时，不仅要考虑技术指标，而且要考虑经济指标。调速的经济指标决定于调速系统的设备投资及运行费用，而运行费用又决定于调速过程的损耗，它可用设备的效率η来说明，即$\eta = \frac{P_1 - \sum p}{P_1} \times 100\%$。各种调速方法的经济指标极为不同，例如，直流他励电动机电枢串电阻的调速方法经济指标较低，因电枢电流较大，串接电阻的体积大，所需投资多，运行时产生大量损耗，效率低。而弱磁调速方法则经济得多，因励磁电流较小，励磁电路的功率仅为电枢回路功率的$1\% \sim 5\%$。总之，在满足一定的技术指标下，确定调速方案时，应力求设备投资少，电能损耗小，而且维修方便。

3. 直流他励电动机的调速方法及其调速性能

（1）电枢回路串接电阻调速　电枢回路串接电阻，不能改变理想空载转速n_0，只能改变机械特性的硬度。所串的附加电阻越大，特性越软，在一定负载转矩T_L下，转速也就越低。

这种调速方法，其调节区间只能是电动机的额定转速向下调节。其机械特性的硬度随外串电阻的增加而减小；当负载较小时，低速时的机械特性很软，负载的微小变化将引起转速的较大波动。在额定负载时，其调速范围一般是2:1左右。然而当负载为轻负载时，调速范围很小，在极端情况下，即理想空载时，则失去调速性能。这种调速方法属于恒转矩调速性质，因为在调速范围内，其长时间输出额定转矩不变。

电枢回路串接电阻调速的优点是方法较简单，但由于调速是有级的，调速的平滑性很差。虽然理论上可以细分为很多级数，甚至做到"无级"，但由于电枢回路电流较大，实际上能够引出的抽头要受到接触器和继电器数量限制，不能过多。如果过多时，装置复杂，不仅初投资过大，维护也不方便。

一般只用少数的调速级数，再加上电能损耗较大，所以这种调速方法近来在较大容量的电动机上很少采用，只在调速平滑性要求不高，低速工作时间不长，电动机容量不大，采用其他调速方法又不值得的地方采用这种调速方法。

（2）改变电源电压调速　由直流他励电动机的机械特性方程式可以看出，升高电源电压 U 可以提高电动机的转速，降低电源电压 U 便可以减少电动机的转速。由于电动机正常工作时已是工作在额定状态下，所以改变电源电压通常都是向下调，即降低加在电动机电枢两端的电源电压，进行降压调速。由人为机械特性可知，当降低电枢电压时，理想空载转速降低，但其机械特性斜率不变。它的调速方向是从基速（额定转速）向下调的。这种调速方法属于恒转矩调速，适用于恒转矩整流装置负载的生产机械。不过公用电源电压通常总是固定不变的，为了能改变电压来调速，必须使用独立可调的直流电源，目前用得最多的可调直流电源是晶闸管整流装置，如图 1-43 所示。图中，调节触发器的控制电压，以改变触发器所发出的触发脉冲的相位，即改变了整流器的整流电压，从而改变了电动机的电枢电压，进而达到调速的目的。

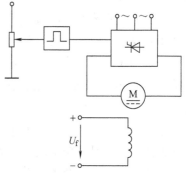

图 1-43　晶闸管-电动机系统

采用降低电枢电压调速方法的特点是调节的平滑性较高，因为改变整流器的整流电压是依靠改变触发器脉冲的相移，故能连续变化，也就是端电压可以连续平滑调节，因此可以得到任何所需要的转速。另一个特点是它的理想空载转速随外加电压的平滑调节而改变。由于转速降落不随速度变化而改变，故特性的硬度大，调速的范围也相对大得多。

这种调速方法还有一个特点，就是可以靠调节电枢两端电压来起动电动机，而不用另外添加起动设备，这就是前节所说的靠改变电枢电压的起动方法。电枢静止时，反电动势为零；当开始起动时，加给电动机的电压应以不产生超过电动机最大允许电流为限。待电动机转动以后，随着转速升高，其反电动势也升高，再让外加电压也随之升高。这样如果能够控制得好，可以保持起动过程电枢电流为最大允许值，并几乎不变或变化极小，从而获得恒加速起动过程。

这种调速方法的主要缺点是由于需要独立可调的直流电源，因而使用设备较只有直流电动机的调速方法来说要复杂，初投资也相对大些。但由于这种调速方法的调速平滑、特性硬度大、调速范围宽等特点，使这种调速方法具备良好的应用基础，在冶金、机床、矿井提升以及造纸机等方面得到广泛应用。

（3）改变电动机主磁通的调速方法　改变主磁通 Φ 的调速方法，一般是指向额定磁通以下改变。因为电动机正常工作时，磁路已经接近饱和，即使励磁电流增加很大，但主磁通 Φ 也不能显著地再增加很多。所以一般所说的改变主磁通 Φ 的调速方法，都是指往额定磁通以下的改变。而通常改变磁通的方法都是增加励磁电路，减小励磁电流，从而减小电动机的主磁通 Φ。

由人为机械特性的讨论可知，在电枢电压为额定电压 U_N 及电枢回路不串接附加电阻的条件下，当减弱磁通时，其理想空载转速升高，而且斜率加大，在一般的情况下，即负载转矩不是过大的时候，减弱磁通使转速升高。它的调速方向是由基速（额定转速）向上调。

普通的非调磁直流他励电动机，所能允许的减弱磁通提高转速的范围是有限的。专门作为调磁使用的电动机，调速范围可达 3～4 倍。限制电动机弱磁升速范围的原因有机械方面的，也有电方面的，例如机械强度的限制、整流条件的恶化、电枢反应等。普通非调磁电动机额定转速较高（1500r/min 左右），弱磁升速就要受到机械强度的限制。同时在减弱磁通后，电枢反应增加，影响电动机的工作稳定性。

可调磁电动机的设计是在允许最高转速的情况下，降低额定转速以增加调速范围。所以在同一功率和相同最高转速的条件下，调速范围越大，额定转速越低，因此额定转矩也大，相应的电动机尺寸就越大，因此价格也就越高。

采用弱磁调速方法，当减弱励磁磁通 Φ 时，虽然电动机的理想空载转速升高、特性的硬度相对差些，但其调速的平滑性好。因为励磁电路功率小，调节方便，容易实现多级平滑调节。其调速范围，普通直流电动机大约为 1∶1.5。如果要求调速范围增大时，则应用特殊结构的调 Φ 电动机，它的机械强度和换向条件都有改进，适用于高转速工作，一般调速范围可达 1∶2、1∶3 或 1∶4。

因为电动机发热所允许的电枢电流不变，所以电动机的转矩随磁通 Φ 的减小而减小，故这种调速方法是恒功率调节，适用于恒功率性质的负载。这种调速方法是改变励磁电流，所以损耗功率极小，经济效果较高。又由于控制比较容易，可以平滑调速，因而在生产中得到广泛应用。

做一做

我们已了解直流电动机的各种调速方法，其中使用较多的是改变电枢电压调速。图 1-44 所示为发电机-电动机调速系统原理图。M_1 是他励直流电动机，拖动生产机械旋转；G_1 是他励直流发电机，发出电压 U 供直流电动机 M_1 作为电源电压；G_2 是并励直流发电机，产生恒定的直流电压 U_1，供给直流发电机 G_1 和直流电动机 M_1 作为励磁电源，同时供给接触器 KM_1 和 KM_2 作为控制电路电源；M_2 是三相笼型异步电动机，作为直流发电机 G_1 和励磁发电机 G_2 的原动机。

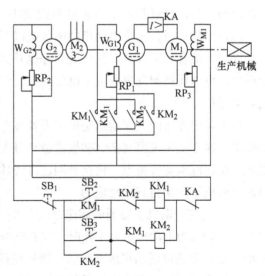

图 1-44 G-M 调速系统原理图

工作原理如下：先起动三相异步电动机 M_2，使励磁发电机 G_2 和直流发电机 G_1 旋转，励磁发电机输出直流电压 U_1，供给 G-M 机组励磁电压和控制电路电压。

按下起动按钮 SB_2（或 SB_3），接触器 KM_1（或 KM_2）线圈通电，其常开触点闭合，发电机 G_1 的励磁绕组 W_{G1} 便流过一定方向的电流，发电机开始励磁。由于 G_1 的励磁绕组有较大的电感，故励磁电流上升较慢，发电机 G_1 输出电压只能逐渐增大，因而起动时可避免较大的起动电流冲击。

系统调速是通过调节直流发电机 G_1 和直流电动机 M_1 的励磁电流调节电阻 RP_1 和 RP_3 实现的。起动前将 RP_1 调到最大，RP_3 调到零。当直流电动机 M_1 在运行中需调速时，可调节 RP_1 使 RP_1 减小，直流发电机 G_1 的励磁电流增加，输出电压随之增加，电动机转速 n 上升。可见，调节 RP_1 的阻值可调节直流发电机 G_1 的输出电压，达到调节电动机 M_1 转速的目的。

必须注意，直流电动机 M_1 的电枢电压不允许超过其额定值，故调节 RP_1 时，电动机的转速只能在额定转速以下进行调节。

如果电动机需在额定转速以上调速，则应先调节 RP_1，将电动机电枢电压调到额定值，然后调节 RP_3，使 RP_3 增大，则励磁电流减小，电动机 M_1 的转速升高。

制动时，按下停止按钮 SB_1，接触器 KM_1（或 KM_2）线圈断电释放，直流发电机 G_1 的励磁绕组断电，发电机输出电压为零。由于 M_1 仍在惯性运转，而励磁绕组 W_{M1} 仍有励磁电流，这时，电动机 M_1 变为发电机，产生制动转矩，使电动机迅速停转。

直流电动机 M_1 的反向运行是通过改变直流发电机 G_1 励磁绕组中励磁电流的方向，从而改变直流发电机输出电压的方向，使电动机 M_1 电枢电压反向来实现的。

每个小组根据密封油泵电动机的特点，结合查找的电动机调速的资料，设计绘制出密封油泵直流电动机的调速电路。

密封油泵直流电动机的调速电路图：

【项目实现】

按照工艺流程和安全操作规程，进行直流电动机的安装并按照调试电路完成接线，填写好项目实现工作记录单。

一、密封油泵直流电动机的拆装

（一）抄录直流电动机铭牌数据

1. 观察外观

直流电动机按励磁方式不同，分为电磁式直流电动机和永磁式直流电动机。其外观结构形式一般由电动机类型、功率、动力传动方式所决定。

2. 观察铭牌

阅读电动机铭牌中各项参数，了解其含义，如型号、产品编号、结构类型、额定功率、

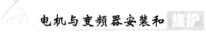

额定电压、额定电流、额定转速、励磁方式、励磁电压、工作方式和绝缘等级等。

3. 测量绝缘电阻值

在电动机未接电源的情况下，将绝缘电阻表 E 端接外壳，L 端接绕组一端，测出定子绕组对地（外壳）的绝缘电阻值。

观察直流电动机的结构，抄录电动机铭牌数据，将有关数据填入表 1-4 中。

表 1-4 直流电动机铭牌数据

内容	数据	内容	数据
型　号		励磁方式	
额定功率		励磁电压	
额定电压		励磁电流	
额定电流		工作方式	
额定转速		温升	

（二）直流电动机的拆装

1）拆卸前，首先应在前端盖与机座、后端盖与机座的连接处做好明显标记。

2）还应在刷架处做好明显标记，便于将来的装配。

3）拆除直流电动机接线盒内的连接线。

4）拆下换向器端盖上通风窗的螺栓，打开通风窗，从刷握中取出电刷，拆下接到刷杆上的连接线。

5）拆下换向器端盖的螺栓、轴承盖螺栓，并取下轴承外盖。

6）拆卸换向器端盖。拆卸时在端盖下方垫上木板等软材料，以免端盖落下时碰裂，用手锤通过铜棒沿端盖四周均匀地敲击，逐渐使端盖脱离机座及轴承外圈。

7）拆下轴伸端端盖的螺栓，把连同端盖的电枢从定子内抽出来，注意不要碰伤电枢绕组、换向器及磁极绕组。

8）用纸将换向器包好，并用扎带扎紧。

9）拆下前端盖上的轴承螺栓，并取下轴承外端。

10）将连同前端盖在内的电枢用纸或布包好。

11）轴承一般只在损坏需要更换时方可取出，若无特殊原因，不必拆卸。

直流电动机定子、转子如图 1-45 和图 1-46 所示，拆卸后的直流电动机如图 1-47 所示。

图 1-45 直流电动机定子

图 1-46　直流电动机转子

图 1-47　拆卸后的直流电动机

各小组填写直流电动机拆卸记录（见表 1-5）。

表 1-5　直流电动机拆卸记录

步骤	内　容	工　艺　要　求
1	拆装前的准备	(1)拆卸地点：＿＿＿＿＿＿＿＿＿＿ (2)拆卸前做记号： ① 联轴器或带轮与轴台的距离＿＿＿＿＿＿＿＿＿＿ ② 端盖与机座做记号地方＿＿＿＿＿＿＿＿＿＿ ③ 前后轴承记号的形状＿＿＿＿＿＿＿＿＿＿ ④ 机座在基础上的记号＿＿＿＿＿＿＿＿＿＿
2	拆卸顺序	
3	拆卸带轮或联轴器	(1)使用工具 (2)工艺要点
4	拆卸轴承	(1)使用工具 (2)工艺要点
5	拆卸端盖	(1)使用工具 (2)工艺要点
6	检测数据	(1)定子铁心内径＿＿＿＿＿＿定子铁心长度＿＿＿＿＿＿ (2)转子铁心内径＿＿＿＿＿＿转子铁心内径＿＿＿＿＿＿ 　　转子总长度＿＿＿＿＿＿ (3)轴承内径＿＿＿＿＿＿＿轴承外径＿＿＿＿＿＿

（三）直流电动机的检查

1）检查定子绕组是否有短路、断路、漏电等故障。

2）检查换向器表面是否光洁，应无机械损伤和火花灼痕。

3）检查电刷是否已磨损得太短，刷握的压力是否适当（一般压力应为 $150\sim200\mathrm{g/cm^2}$）。

4）检查电刷装置安装是否牢固，有无变形，位置是否正确，电刷和换向器表面接触是否良好。

5）检查电动机轴承内润滑油是否变质和缺油，如果润滑油没有变质，添加一些优质润滑油就可以了，如果变质了，就要用汽油把原来的润滑油洗掉，再加入优质润滑油。

6）检查电动机轴承转动是否灵活，检查电动机底脚螺钉是否紧固。

7）接线头应压接牢固，各导电结合面应干净、接触良好，出线螺钉均应有背帽。生锈的垫圈和螺帽不得使用，应使用铜或镀锌平垫圈，对接式的接头压接螺钉应加弹簧垫圈，包扎线头绝缘时，先用黄蜡布，低压电动机包扎不得少于两层，高压电动机不得少于 6 层半叠包。绝缘要扎紧，外层应用塑料带封严密，对于电动机出线有相摩擦的部位，应加垫防护层，电动机接线盒应装配严密以防进水。

8）检查定子、转子以及端盖里是否有杂质，及时清除。

9）电动机外壳均应有良好的接地，接地电阻不应大于 $4M\Omega$。

（四）直流电动机的安装

1）装配定子。把下端盖朝上平放，底部衬以泡沫塑料或软布，以保护下端盖表面不被碰伤。把定子放在下端盖的内圆上，上面垫一块木板，用锤子均匀敲打木板周围。

2）装配转子。先在转子轴的上、下两端装好滚珠轴承，用手握住吊轴，提起转子，对准下端盖的中心孔，小心地把转子垂直插入下端盖，使下滚珠轴承嵌入下端盖的轴承座里。

3）安装上端盖。上端盖止口朝里，使滚珠轴承嵌在轴承座里，注意上端盖的螺钉孔要对准下端盖的轴承孔。把螺钉从上端盖螺孔中穿入，拧进下端盖螺孔中。轻轻旋转定子，应可以灵活转动。

各小组填写直流电动机安装记录（见表1-6）。

表1-6　直流电动机安装记录

安装步骤	主要零部件	
	名称	作用

（五）注意事项

1）拆下刷架前，做好标记，便于安装后调整电刷的中性线位置。

2）抽出电枢时要仔细，不要碰伤换向器及各绕组。

3）取出的电枢必须放在木架或木板上，并用布或纸包好。

4）装配时，拧紧端盖螺栓，必须四周用力均匀，按对角上、下、左、右反复逐步拧紧。

5）寻找中性线时，要保证电刷与换向器之间有良好的接触。

6）断开及闭合开关、转动刷架的位置及观察直流毫伏表指针的摆动情况，三者应同时进行。

二、密封油泵直流电动机调试电路的连接

结合查找的电动机布线的相关资料，按照设计的直流电动机的起动、制动和调速电路来连接直流电动机的调试电路，完成直流电动机的运行，注意安全操作规程。

1. 接线

按照控制电路设计图连接直流电动机的起动、制动和调速电路。

2. 检查

检查接线是否正确，电表的极性、量程选择是否正确，电动机励磁回路接线是否牢靠。然后，检查电动机电枢电路连接是否正确，电枢电路串联电阻是否合理，是否做好起动准备。

3. 注意事项

1）直流他励电动机起动时，需将励磁回路串联的电阻 R_{f1} 调至最小，先接通励磁电源，使励磁电流最大，同时必须将电枢串联起动电阻 R_1 调至最大，然后方可接通电枢电源，使电动机正常起动。起动后，将起动电阻 R_1 调至零，使电动机正常工作。

2）直流他励电动机停机时，必须先切断电枢电源，然后断开励磁电源。同时必须将电枢串联的起动电阻 R_1 调回到最大值，励磁回路串联的电阻 R_{f1} 调回到最小值，为下次起动做好准备。

3）测量前注意检查仪表的量程、极性及其接法是否符合要求。

4）若要测量电动机的转矩 T_2，必须将校正直流测功机 MG 的励磁电流调整到校正值 100mA，以便从校正曲线中查出电动机 M 的输出转矩。

各小组填写表 1-7 所示项目实现工作记录单。

表 1-7 项目实现工作记录单

课程名称	电机与变频器安装和维护		总学时:80 学时
项目名称	密封油泵直流电动机的选型与运行维护		参考学时:20 学时
班级	组长		小组成员
项目工作情况			
项目实现遇到的问题			
相关资料及资源			
工具及仪表			

【项目运行】

遵守安全操作规程；按照系统调试方案进行直流电动机的调试与运行，分析在调试运行中出现问题的原因，直到直流电动机试车成功。

一、密封油泵直流电动机的运行

1）检查电动机励磁回路接线是否牢靠，电动机电枢串联起动电阻。

2）开启电源总开关，接通励磁电源开关。

3）接通电枢电源开关，使电动机起动。

① 起动时间的测量：高压电动机的起动时间应控制在15s左右，最长不能大于20s，低压电动机不应超过15s。

② 空载电流的测量：一般电动机的空载电流为其额定电流的30%~40%，最大不应超过60%，测量三相电流应平衡，三相电流的不平衡性应不大于10%。

③ 电动机声音的鉴别：电动机起动后应用听针探听声音是否正常。

④ 检查电动机在运转中有无串轴情况，电动机在运转中来回串轴，增加了轴承的负担，应予以消除。

⑤ 电动机运转一段时间后，用手或温度计测试电动机外壳的温度情况，A级绝缘者不应高于65℃，E级绝缘者不应高于70℃，B级绝缘者不应高于75℃。

⑥ 电动机运转一段时间后，用手或温度计测试轴承温度情况，滚动轴承不得超过100℃。

⑦ 对于绕线转子电动机和直流电动机，要检查电刷是否冒火等。

4）调节他励电动机的转速。分别改变串入电动机电枢回路的调节电阻和励磁回路的调节电阻，观察转速变化情况。

5）电动机的制动。将电枢串联起动变阻器的阻值调回到最大值，先切断电枢电源开关，然后切断励磁电源开关，使他励电动机停机。

二、密封油泵直流电动机的维护

密封油泵直流电动机在运行过程中，如果出现异常，应及时诊断及排除故障，常见故障及处理方法见表1-8。请每组学生认真填写故障检查维修记录单（见表1-9）、项目运行记录单（见表1-10）。

表1-8 密封油泵直流电动机的常见故障及处理方法

故障现象	可能原因	处理方法
直流电动机转速过高应及时断电，以防甩坏	1. 并励回路电阻过大或断路 2. 并励或串励绕组匝间短路 3. 并励绕组极性接错 4. 复励电动机的串励绕组极性接错（积复励接成反复励） 5. 串励电动机负载过低 6. 主极气隙过大	1. 测量励磁回路的电阻，恢复正常电阻值 2. 检查并励或串励绕组，找出故障点进行修复 3. 用指南针测量极性顺序，并重新接线 4. 检查并纠正串励绕组极性 5. 增加负载 6. 用规定铁垫片调整气隙

（续）

故障现象	可能原因	处理方法
磁场绕组过热	1. 电动机励磁电流超过规定值（常因低转速引起） 2. 电动机端电压长期超过额定值 3. 发电机气隙太大 4. 发电机转速太低 5. 并励绕组匝间短路 6. 复励发电机负载时电压不足,调整电压后励磁电流过大	1. 恢复正常励磁电流 2. 恢复额定电压 3. 调整气隙 4. 提高转速 5. 检查并排除故障 6. 该电动机串励绕组极性接反,应重新接线
电动机不能起动	直流电动机电刷与换向器接触不良、电枢绕组断路或短路;起动电流小	检查电刷与换向器的接触情况予以改善;检查电枢绕组是否正常;检查起动器是否合上
电动机带负载运行时转速过低	1. 电枢绕组短路 2. 换向器片间短路 3. 电刷位置不正确 4. 换向器极性接错（同时出现长的黄色火花）	1. 检查电枢绕组的短路故障,如看见端部有放电穿孔或烧焦痕迹,可确定电枢已烧坏,常需重新嵌线 2. 检查换向片,清理片间残留的焊锡铜屑、毛刺等 3. 调整刷杆座位置 4. 检查并纠正换向极极性
电刷下换向火花超出规定	1. 换向绕组、补偿绕组匝间短路 2. 电枢绕组断线（换向器一圈有绿色环状火花,片间云母有放电烧伤痕迹） 3. 电枢绕组与换向片有局部脱焊 4. 换向片松动凸出（可看出凸片发亮,凹片发黑,严重时听到啪啪撞击电刷声及看到电刷边撞崩） 5. 换向器表面粗糙,或表面有油污 6. 换向器云母片凸出或云母片沟积有碳粉等 7. 换向极绕组匝数不符合要求 8. 换向极绕组短路 9. 电刷磨损过度 10. 电刷牌号不符合要求 11. 电刷在刷握内过紧或过松 12. 电刷与换向器表面接触不良 13. 电刷压力不当（通常偏小） 14. 电刷在换向器圆周上分布不匀或位置不符 15. 刷杆偏斜 16. 机身振动,因此有时在换向器表面出现规律性黑痕 17. 过载或负载过分剧烈波动 18. 转速过高	1. 检查换向绕组、补偿绕组匝间短路故障,更换绕组 2. 修理断线处 3. 用毫伏表检查换向片间电压,重新焊好 4. 于冷、热两状态下紧固换向器的螺帽或拉紧螺栓,重新车削换向器工作面,挑沟、倒棱、研磨光洁 5. 研磨换向器工作面,必要时重新精车 6. 挑沟、倒棱、研磨光洁 7. 匝数相差太多需补偿,相差不多可调整换向极气隙 8. 用电桥测量,如有短路应衬垫绝缘或重新绕制 9. 更换新电刷 10. 按技术要求更换电刷 11. 磨制合适电刷或修理刷握,使电刷在刷握中能自由滑动 12. 用砂纸研磨电刷与换向器表面使其吻合,清除污物并运行 0.5~1h 13. 调整弹簧压力 14. 校正电刷位置 15. 可利用换向片或云母槽作为标准调整刷杆与换向器的平行度 16. 校正电枢平衡,紧固底座,清除振动 17. 恢复正常负载 18. 恢复正常转速

（续）

故障现象	可能原因	处理方法
发电机电压 不能建立	1. 剩磁消失 2. 电动机旋转方向不符合规定 3. 励磁绕组接反把剩磁抵消 4. 励磁回路的电阻太大 5. 励磁绕组断路或有匝间短路 6. 转速太低 7. 电刷压力太低或接触不良 8. 换向器表面或电枢绕组有短路	1. 用外加直流电源使励磁绕组通电,重新建立磁场 2. 改变旋转方向 3. 检查并纠正励磁绕组的接线方向及极性,重新充磁 4. 检查励磁回路各处接触情况,要保证良好(因为剩磁电压很低,电路中的电阻变化将对励磁电流有明显影响),或者将调节电阻全部短路,电磁电压建立后才恢复正常 5. 检查励磁绕组的断路及匝间短路故障,更换绕组 6. 提高转速使其达到额定值,对于带传动的发电机,注意张紧传送带,涂带油,减少转差 7. 调整弹簧压力,研磨电刷接触面 8. 用毫伏表找出短路故障点,及时修理
发电机电压 达不到额定值	1. 电动机转速太低 2. 电刷位置不正确 3. 并励绕组部分短路 4. 换向片之间有导电体造成短路 5. 换向极绕组接反 6. 串励磁场绕组接反 7. 电动机过载	1. 提高电动机转速达到额定值 2. 调整电刷位置 3. 分别测量每个绕组的电阻,修理或调换电阻特别低的绕组 4. 清除导电体 5. 用指南针检查换向极极性,更正接线 6. 更正接线 7. 减少负载
发电机电压 过高	1. 转速过高 2. 励磁回路电阻过小 3. 差复励的串励绕组极性接反	1. 恢复正常转速 2. 增加励磁电阻 3. 调换串励绕组极性

表 1-9　故障检查维修记录单

项目名称		检修组别	
检修人员		检修日期	
故障现象			
发现的问题分析			
故障原因			
排除故障的方法			
所需工具和设备			
工作负责人签字			

表 1-10　项目运行记录单

课程名称	电机与变频器安装和维护		总学时:80 学时
项目一	密封油泵直流电动机的选型与运行维护		参考学时:20 学时
班级		组长	小组成员
项目运行中出现的问题			
项目运行时的故障点			
调试运行是否正常			
备注			

三、项目验收

项目完成后,应对各组完成情况进行验收和评定,具体验收指标包括:

1)根据密封油泵工作要求选择电动机。
2)设计密封油泵直流电动机的起动、调速、制动电路。
3)装配密封油泵直流电动机。
4)密封油泵直流电动机调试电路接线。
5)通电调试密封油泵直流电动机。
6)密封油泵直流电动机故障的检测与处理。
7)安全文明生产。

密封油泵直流电动机的选型与运行维护项目评分标准见表 1-11。

表 1-11　项目评分标准

测评内容	配分	评分标准	得分	分项总分
电动机选型	6	正确选择电动机(6 分)		
调试电路设计	9	电动机起动电路设计正确(3 分)		
		电动机调速电路设计正确(3 分)		
		电动机制动电路设计正确(3 分)		
电动机装配	40	1. 拆卸步骤方法正确(5 分)		
		2. 零部件无损伤(5 分)		
		3. 绕组无损伤(5 分)		
		4. 换向器无损伤(5 分)		
		5. 装配步骤方法正确(5 分)		
		6. 螺栓按要求拧紧(5 分)		
		7. 转子转动灵活(5 分)		
		8. 电刷位置在中性线上(5 分)		

43

（续）

测评内容	配分	评分标准	得分	分项总分
电路连接	10	1. 接线正确(5分)		
		2. 接线符合要求(5分)		
电路调试	15	1. 起动方法正确(5分)		
		2. 调速方法正确(5分)		
		3. 制动方法正确(5分)		
故障检测	10	电动机运行中的故障能正确诊断并排除(10分)		
安全文明操作	10	遵守安全生产规程(10分)		
合计总分				

 【知识拓展】

大修的标准项目

1）大修的准备工作。

2）电动机的解体和抽装转子。

3）定子的检修。

4）转子及轴承的检修。

5）电动机的组装和试验。

6）附属部件的检修。

7）检修后的试运行。

小修的标准项目

1）轴承的检查。

2）电动机的清扫。

3）出线盒的检修。

4）绕线转子电动机集电环及电刷的检查。

5）附属部件及起动装置的检查和绝缘电阻的测量。

6）消除运行中发现的设备缺陷。

电动机大修的准备工作

1）大修前，应根据设备的状况，制订出检修计划，并报车间审批。

2）做好工具、材料、备品的准备，制订特殊项目的安全技术措施。

3）工作负责人必须了解所修设备的缺陷、运行中存在的问题和本次检修的要求。

4）工作前，负责人应向本组成员交代质量、进度要求、安全技术措施、特殊检修项目、应消除的设备缺陷。

一、直流电动机的解体

1）拆线头时应做好记录，接线螺钉要保存好，并把电缆头支撑牢固，避免折伤电缆。

2）起吊和搬运电动机时，要注意防护电缆头，切勿碰伤或损坏电缆。

3）电动机地脚下的垫片，应注意分别存放起来。

4）检修用的钢丝绳和起重用具，应检查好，要有可靠的安全系数。拴挂要牢固，位置要适当。

5）电动机解体前应先测量一次绝缘，并做好记录，高压电动机应用2500V的绝缘电阻表测量，低压电动机应用500~1000V的绝缘电阻表测量，转子回路应用500V的绝缘电阻表测量。

6）拆卸下的电动机零件应妥善保管避免丢失，应做记号的均应做好记录。

7）拆端盖时电动机的端盖有顶螺钉者，应用顶螺钉把端盖顶下来，无顶螺钉者，若端盖难撬下时，应用扁凿子从结合缝处凿开，但应注意不要损坏结合面，一旦结合面被凿起刺时，应用锉刀修整好，否则装上端盖后止口合不严，造成端盖歪斜。用撬棍撬端盖时，应使伸进端盖内的部分向端盖侧撬，不得反撬，以防撬坏端部线圈。

8）抽装转子时，专用工具应经检查良好，使用适当，固定要牢固，位置要调正，电动机定子应垫水平，钢丝绳不应套在轴的滑面及风扇和集电环上。

9）抽装转子时，人员要明确分工，要有专人指挥，要有充足的照明，切实看好和调整定、转子间隙，严防碰坏定、转子线圈或磨坏定、转子铁心。

10）转子伸出后要放牢，最好将转子放在硬木衬垫上，木垫上不得有突出的铁钉或其他硬质碎块，以防损坏转子铁心。

11）拆解给水泵电动机时，要测量轴封和风挡间隙及定转子之间的空气间隙。

二、定子的检修工艺及质量标准

1）检查线圈，应无松动、断线、绝缘老化、破裂、损伤、过热、变色、表面漆层脱落等情况，特别注意槽口和线圈接头部分。

2）机体和线圈上有油时，应用抹布沾少许汽油擦净。

3）检查槽楔、楔下及槽底绝缘垫条，以及端部垫块、绑线及加固环，应无松动、断裂、磨损、退出、变色等情况。若端部加固环和线圈有磨损，修复后测量线圈之间的绝缘电阻，加1.5倍额定电压，进行交流耐压试验，其试验方法为对加固环加压而线圈接地。

4）检查铁心，应无磨损、锈斑、松动、局部变色，与外壳结合应牢固，通信沟无堵塞及通信沟内线圈绝缘无磨损、过热、流胶等情况，如有通信沟堵塞时，应用非金属工具进行清理。

5）检查引出线绝缘，应无磨损、破裂、断胶，接头无发热流锡，瓷绝缘子或出线极无破裂、松动、发热变色及出线螺钉损坏等情况。

6）给水泵电动机的冷却器应进行刷洗和水压试验。

7）经检查发现的问题，均应采取措施进行处理，并及时汇报和记录在检修记录中。

三、转子的检修工艺及质量标准

1）检查铁心，应无松动、锈斑、局部发热变色、磨损、断片、与轴配合松动等情况。

2）检查风扇，应无裂纹、锈蚀，固定螺钉平衡块应无松动，风扇的固定螺钉均应有弹簧垫圈。

3）检查笼型转子的笼条和短路环，应无开焊、断裂、损坏等情况。

4）检查绕线转子的槽楔、线圈、端部绑线，引出线应无松动、断裂、变色，接头焊接应牢固，绝缘无损坏。

5）检查绕线转子和集电环，应无偏心、磨沟、烧毛，集电环绝缘无破裂、碳化等情况。集电环偏心不应大于 0.05mm，表面不平情况不应大于 0.5mm，否则应进行车旋，集电环的短路装置接触应良好，接点无烧毛。

6）检查核对转子轴颈，应无断裂、损伤、锈蚀和弯曲。

7）发现问题应及时汇报并采取措施进行处理。

8）整流子式电动机的转子检修可参考励磁发电机电枢检修进行。

四、轴承的检修

1）用汽油将轴承内的润滑脂清洗干净并晾干。仔细检查内外轨道和滚珠上有无麻点、破裂、脱皮、砸沟和滚珠卡子过松、磨偏、破裂等情况，发现上述问题应进行更换。

2）检查轴承的内外套不应有转动的现象，若发现轴承有位移退出和内外套转动时，应进行处理，最好的处理方法是对轴颈或端盖的轴承室喷焊，对小容量电动机来说，也可轴颈压花、找冲眼、轴颈和端盖加套。

3）轴颈加套时，受机械强度的限制，应尽量控制套的厚度，使轴颈车削的最小直径小于轴伸的直径，一般套的厚度为 2~3mm，套应热装在轴上。

4）轴承内套与轴的配合为二级精度过渡配合，套与轴之间应有适当紧力，在加工时不能要求紧力过大，紧力过大轴承内套缩不回去会造成轴承间隙过小转动不灵活，使轴承发热。因此，在加工轴颈时应选取适当的紧力。

5）轴承外套与端盖的配合为三级精度过渡配合，外套与端盖之间最好有少量的间隙，使套在端盖内部既不发生转动又不卡死。

6）拆卸轴承时方法要妥当，严防损坏轴颈配合面和造成弯曲。

7）更换滚动轴承时，加热前应把轴承刷洗干净，轴承的加热温度最高不得超过 120℃。

五、端盖的检修

1）将端盖上的污渍清扫干净，检查端盖有无裂纹，轴承室有无磨损，止口环轴承室的结合面有无毛刺，并把止口清理干净。

2）检查端盖上的挡风筒有无断裂和损坏，固定螺钉是否松动，挡风筒固定螺钉均应有弹簧垫圈。

3）检查绕线转子电动机的短路装置和操作机构是否灵活好用，有无卡涩和损坏情况。

4）检查绕线转子、整流子式电动机的刷架和引出线应良好。

六、电动机的组装和实验

电动机大修后应做如下试验：

1）在组装前测量定、转子线圈的直流电阻或片间电阻，电动机容量为 3kW 以上者，其直流电阻的数值与原始数据比较不应大于 2%。其相间比较不应大于 2%；电动机容量在3kW 及以下者，其直流电阻的相互差值不应大于 4%。测量电阻的最大值减去测量电阻的最小值再除以测量电阻的平均值满足

$$\frac{R_{\max}-R_{\min}}{R_{\mathrm{v}}}\times100\%\leqslant2\%$$

2）高压电动机组装后应做 1.5 倍额定电压 1min 的交流耐压试验，耐压前后必须用绝缘

电阻表检测绝缘合格，低压电动机可用 2500V 绝缘电阻表测量绝缘代替耐压试验。

3）直流电动机的检修和试验与励磁机相同。

直流电动机的小修

1）拆开两端油挡盖，检查轴承有无损坏或内外套转动异常等现象，检查油量多少、润滑情况和油质好坏，需加油的应加油，需换新油的更换新油。

2）检查出线头有无松动、污锈、发热等异常情况，铜铝接头要注意检查结合面是否有电腐蚀情况，需拆开重新压接的要重新压接。检查出线绝缘有无损伤情况，需包扎的要包扎，需衬垫的要衬垫。

3）检查外风扇有无松动、裂纹、损坏情况，检查风扇罩有无损坏情况，检查端部螺钉有无松动等。

4）吹扫开启式电动机的内部积灰，清扫进出风网。

5）检查清扫直流电动机、绕线转子电动机和整流子式电动机的刷架和电刷，更换不合格的电刷，检查起动电阻器或频敏变阻器是否良好。

6）消除运行中发现的设备缺陷，需要时测量核实电动机绝缘。

7）电动机的干燥和涂漆。更换线圈或绝缘受潮的电动机应进行干燥，常用的干燥方法有外部加热法、铜损坏法、短路干燥法、铁损坏法。

当采用外部加热法时，应注意以下几点。

① 线圈的温度不应超过 85℃，铁心的温度不应超过 90℃。

② 当利用电炉、红外线电热板、电热器等加热时，线圈应与热源保持一定的距离，并且用铁板将电炉丝遮护起来，应注意防火。要加强检查，预防局部线圈温度过高。

③ 用红外线灯泡加热时，灯泡应与线圈保持一定距离，并定时移动灯泡位置。

④ 用烘箱干燥时烘箱内的温度不得超过 100℃。

当用铜损坏法干燥时，应注意以下几点：

① 线圈的温度应控制在 70~75℃ 范围内，最高不得超过 75℃。

② 通入线圈中的电流应不超过额定电流的 60%~70%。

当用短路干燥法加温时，应注意以下几点：

① 线圈的最高温度不得超过 75℃。

② 定子线圈通入的电压应为额定电压的 10%~15%。

③ 应使转子卡住，不使转子转动。

当用铁损坏法干燥时，方法和要求与发电机的铁损干燥相同。

浸胶电动机烘干时，不可将温度过分迅速地升到烘干的最高温度，防止引起槽部绝缘损坏。当烘干温度升到 50℃ 时，应保持 3~4h，然后以每小时不超过 5℃ 的速度，将烘干温度逐步升到最高值。当电动机烘干至绝缘电阻稳定 3~4h，其吸收比又不大于 1.3，而且绝缘电阻换算到 75℃ 时，若大于 1MΩ/kV，即可停止干燥，让温度慢慢降到室温。当电动机需要涂漆时，可在电动机绝缘稳定 3~4h 后，进行涂漆工作，涂漆后继续升温干燥，直至绝缘电阻符合要求，并且漆层干透为止。当新电动机浸 1032 漆后，可将电动机温度逐渐升高到 120℃ 进行烘干，直至绝缘电阻符合要求，并且漆层干透为止。

无论用哪种方法烘干电动机，测量线圈温度时均应将温度计放到线圈上，测量用的温度计应使用酒精温度计，不得使用水银温度计。

【工程训练】

某起重机参数如下。

最大额定重量：主钩为 8000kg；副钩为 1200kg。

最大提升高度：主臂为 14.270m；主臂+副臂为 20m。

最大起重力矩：250880N·m。

吊臂长度：8~14m。

最大提升速度（满载）：12m/min。

功率：118kW。

1. 根据起重机参数选择直流电动机的型号。

2. 绘制所选择的直流电动机的装配流程思维导图。

3. 设计所选择的直流电动机的起动电路。

4. 设计所选择的直流电动机的制动电路。

项目 二

电动卷扬机拖动电动机的选型与运行维护

项目名称	电动卷扬机拖动电动机的选型与运行维护	参考学时	24 学时
项目导入	本项目完成电动卷扬机拖动电动机的选型与运行维护。在日常生产和生活中，卷扬机应用非常广泛，如建筑工地利用井字架提升重物、电梯轿厢的上下运行等。卷扬机（又叫绞车）是由人力或机械动力驱动卷筒、卷绕绳索来完成牵引工作的装置，可以垂直提升、水平或倾斜拽引重物。卷扬机分为手动卷扬机和电动卷扬机两种。电动卷扬机由电动机、联轴节、制动器、齿轮箱和卷筒组成，共同安装在机架上。对于起升高度和装卸量大、工作频繁等情况，调速性能好，能令空钩快速下降。对安装就位或敏感的物料，能用较小速度。本项目中电动卷扬机参数：型号为 JM5，钢丝绳额定拉力为 50kN，减速器总传动比为 119.34，卷筒直径长度为 325mm×700mm，卷筒转速为 8r/mm，卷筒容绳为 200m。本项目要求针对 JM5 电动卷扬机参数选择拖动的三相异步电动机的型号、功率，正确安装调试三相异步电动机，诊断并排除运行中的故障		
学习目标	1. 知识目标 （1）列出三相异步电动机的定子和转子结构 （2）画出三相异步电动机的两种绕组展开图 （3）写出三相异步电动机的 6 种起动方法 （4）列出三相异步电动机的 3 种调速方法 （5）写出三相异步电动机的 4 种制动方法 2. 能力目标 （1）能根据 JM5 电动卷扬机参数要求合理选择三相异步电动机型号 （2）能正确测量三相异步电动机的绝缘电阻 （3）能绘制三相异步电动机装配流程图 （4）能正确拆装三相异步电动机 （5）能诊断出三相异步电动机的故障并列出故障原因 3. 素质目标 （1）具备精益求精的工匠精神 （2）具备安全意识 （3）具备质量意识 （4）具备团结协作、爱岗敬业的职业精神 （5）具有吃苦耐劳的劳动精神		
项目要求	完成电动卷扬机拖动电动机的选型与运行维护，项目具体要求如下： 1. 制订项目工作计划 2. 完成电动卷扬机拖动电动机选型 3. 完成三相异步电动机的安装 4. 设计三相异步电动机的调试电路 5. 调试三相异步电动机 6. 针对三相电动机的故障现象，正确使用检修工具和仪表对电动机进行检修和维护		
实施思路	1. 构思：项目分析与三相异步电动机认知，参考学时为 10 学时 2. 设计：选择电动卷扬机拖动电动机的型号，设计其装配流程和调试电路，参考学时为 6 学时 3. 实现：装配电动卷扬机拖动电动机和连接调试电路，参考学时为 4 学时 4. 运行：电动卷扬机拖动电动机的运行和维护，参考学时为 4 学时		

电机与变频器安装和维护

🔄 【项目构思】

一、项目分析

卷扬机（又叫绞车）实物如图 2-1 所示。

本项目中的电动卷扬机由三相异步电动机作为动力，通过驱动装置使卷筒回转，本项目中电动卷扬机参数如下：型号为 JM5，钢丝绳额定拉力为 50kN，减速器总传动比为 119.34，卷筒直径长度为 325mm×700mm，卷筒转速为 8r/mm，卷筒容绳为 200m，电动卷扬机的暂载率为 25%，等效转动惯量为 0.2kg·m；等效阻力矩为 $M_r = 21N·m$（以电动机轴为等效构件），卷扬机起动时间不超过 0.8s。

图 2-1 卷扬机实物

本项目按照以下步骤进行：

1）针对 JM5 型电动卷扬机的参数选择拖动的三相异步电动机的型号、功率。

2）设计三相异步电动机的起动电路、调速电路和制动电路。

3）正确安装调试三相异步电动机。

4）及时诊断并排除运行中三相异步电动机的常见故障。

5）按照电机检修工艺和质量标准对三相异步电动机进行检修。

电动卷扬机拖动电动机的选型与运行维护项目工单见表 2-1。

表 2-1 电动卷扬机拖动电动机的选型与运行维护项目工单

课程名称	电机与变频器安装和维护		总学时：80
项目二	电动卷扬机拖动电动机的选型与运行维护		学时：24
班级		组长	小组成员
项目任务与要求	完成电动卷扬机拖动电动机的选型与运行维护，项目具体要求如下： 1. 制订项目工作计划 2. 完成电动卷扬机拖动电动机的选型 3. 完成电动卷扬机拖动电动机的装配 4. 完成电动卷扬机拖动电动机的调试电路的设计 5. 电动卷扬机拖动电动机的调试并运行 6. 针对电动卷扬机拖动电动机的故障现象，正确使用检修工具和仪表对电动机进行检修和维护		
相关资料及资源	教材、安全操作规程、电机检修工艺和质量标准、微课、PPT 课件等		
项目成果	1. 完成电动卷扬机拖动电动机的选型、安装和调试 2. CDIO 项目报告 3. 评价表		
注意事项	1. 每组在通电试车前一定要经过指导教师的允许才能通电 2. 安装调试完毕后先断电源后断负载 3. 严禁带电操作 4. 安装完毕及时清理工作台，工具归位		

让我们先了解三相异步电动机吧！

二、三相异步电动机的认知

 三相异步电动机由哪几部分组成呢？

　　三相异步电动机主要由定子和转子两部分组成，定子是固定不动的部分，转子是旋转部分，在定子和转子之间有一定的气隙。三相笼型异步电动机实物如图 2-2 所示，其结构分解图如图 2-3 所示。

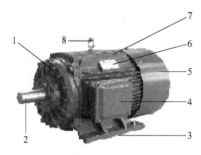

图 2-2　三相笼型异步电动机实物图
1—端盖　2—转轴　3—底脚
4—接线盒　5—风扇罩　6—铭牌
7—散热筋　8—吊环

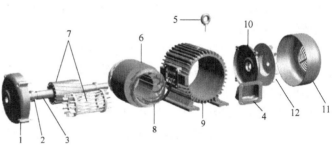

图 2-3　三相笼型异步电动机结构分解图
1—前端盖　2—轴承　3—转轴　4—接线盒　5—吊环
6—定子铁心　7—转子及笼型绕组（铸铝）　8—定子绕组　9—机座
10—后端盖　11—风扇罩　12—风扇

1. 定子

　　定子由定子铁心、定子绕组以及机座等组成。

　　定子铁心是磁路的一部分，并起固定定子绕组的作用，如图 2-4 所示。它由 0.5mm 的硅钢片叠压而成，以增强导磁能力；片与片之间是绝缘的，以减少涡流损耗。定子铁心的硅钢片的内圆冲有定子槽，槽中安放线圈。硅钢片铁心在叠压后成为一个整体，固定于机座中。硅钢片示意图如图 2-5 所示。定子绕组是电动机的电路部分。三相异步电动机的定子绕组分为三个部分，它们对称地分布在定子铁心上，称为三相绕组，分别用 U1、U2、V1、

图 2-4　三相笼型异步电动机的定子铁心

图 2-5　转子的硅钢片

V2、W1、W2 作为两端标记，其中，U1、V1、W1 为绕组的首端，而 U2、V2、W2 为绕组的末端。三相绕组接入三相交流电源后，三相绕组中的电流在定子铁心中产生旋转磁场。

机座是电动机的外壳，主要用于固定与支撑定子铁心，并通过机座的底脚将电动机安装固定。根据不同的冷却方式采用不同的机座形式。全封闭式电动机的定子铁心紧贴机座内壁，故机座外壳上的散热筋是电动机的主要散热面。中小型电动机采用铸铁或铸铝机座。大型电动机一般采用钢板焊接机座。

2. 转子

转子由转子铁心、转子绕组和转轴三部分组成。

转子铁心也是电动机磁路的一部分，一般也采用 0.5mm 厚的硅钢片叠压而成。转子铁心叠片（硅钢片）冲有嵌放绕组的槽，转子铁心硅钢片冲片如图 2-5 所示。转子铁心固定在转轴或转子支架上。

转子绕组的作用是产生感应电动势和感应电流并产生电磁转矩。根据转子绕组结构的不同，异步电动机分为笼型异步电动机和绕线转子异步电动机两种。绕线转子异步电动机和笼型异步电动机的转子构造虽然不同，但工作原理是一致的。

（1）笼型转子绕组 笼型异步电动机转子绕组是在转子铁心槽里插入铜条，再将全部铜条两端焊在两个铜端环上而组成，若将转子铁心去掉，整个转子绕组的外形就像一个松鼠笼子，故称为笼型转子，如图 2-6 所示。小型笼型转子绕组多用铝离心浇铸或压铸而成，如图 2-7 所示。铸铝转子具有结构简单、制造方便等特点。

（2）绕线转子绕组 绕线转子异步电动机转子绕组是在转子铁心的槽内嵌入由绝缘导线组成的三相对称绕组。绕线转子通过轴上的集电环和电刷在转子回路中可接入外加变阻器，用以改善异步电动机的起动与调速性能，如图 2-8 所示。

图 2-6 铜条笼型转子
1—笼型绕组 2—转子外形

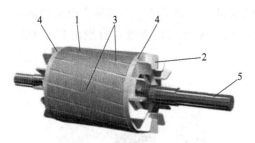

图 2-7 铝铸的笼型转子
1—转子铁心 2—风扇 3—铸铝条 4—端环 5—轴

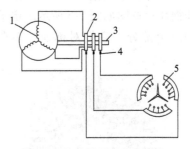

图 2-8 绕线转子绕组与外加
变阻器的接线图
1—转子绕组 2—集电环 3—轴
4—电刷 5—变阻器

3. 气隙

异步电动机的气隙是均匀的，比同容量直流电动机的气隙小得多。气隙大小对异步电动机的运行性能和参数影响很大，由于励磁电流由电网供给，气隙越大，建立磁场所需的励磁电流也就越大，而励磁电流属于无功性质，会降低电动机的功率因数，所以从电磁作用原理角度考虑，应尽量让气隙小一些。但也不能太小，否则会使机械加工和装配困难，运转时定、转子之间易发生摩擦或碰撞。因此异步电动机的气隙大小往往为机械条件所能允许达到的最小数值，中、小型电动机的气隙一般为 0.2~1.5mm。

想一想：三相异步电动机是如何旋转起来的？

图 2-9 所示为三相异步电动机工作示意图，假设定子只有一对磁极，转子只有一匝绕组。当异步电动机定子绕组加三相对称电压时，定子绕组中有三相对称电流通过，产生圆形旋转磁场。在旋转磁场的作用下，转子导体切割磁力线（可用右手定则确定转子导体的电动势方向，其方向与旋转磁场的旋转方向相反），因而在导体内产生感应电动势 e，从而产生感应电流 i。根据安培电磁力定律，转子电流与旋转磁场相互作用产生电磁力 F（其方向由左手定则确定），该电磁力在转子轴上形成电磁转矩，且转矩方向与旋转磁场的旋转方向相同，转子受此转矩的作用，按旋转磁场的旋转方向旋转起来。转子的旋转速度称为电动机的转速，用 n 表示。如果转轴带上机械负载，电动机便将输入的电功率转换为轴上输出的机械功率。若交换电源相序，则定子旋转磁场反向，电磁转矩反向，转子的转向相反。

转子的转速（电动机的转速）n 恒比旋转磁场的旋转速度（同步速度）n_0 要小，因为如果两种速度相等，则转子和旋转磁场没有相对运动，此时转子导体不切割磁力线，也就不能产生电磁转矩，转子将不能继续旋转。因此，转子转速 n 与旋转磁场转速 n_0 之间的转速差 $\Delta n = n_0 - n$ 是保证转子转动的主要因素，也是异步电动机名称的由来。此转速差是旋转磁场切割转子导体的速度，它的大小决定着转子电动势及其频率的大小，直接影响到电动机的工作状态。

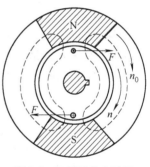

图 2-9　三相异步电动机
工作示意图

转速差可用转差率这一重要物理量来表示，将转速差（$n_0 - n$）与同步转速 n_0 的比值称为异步电动机的转差率，用 s 表示，即

$$s = \frac{n_0 - n}{n} \tag{2-1}$$

转差率 s 是分析异步电动机运行特性的主要参数。异步电动机的转差率 s 的范围为 $0 < s < 1$。

从三相异步电动机铭牌上能了解电动机的哪些信息？

三相异步电动机的机座上都有铭牌，上面标明了该电动机的型号、额定参数及其他有关技术参数，如图 2-10 所示。铭牌上的额定值及有关技术数据是正确选择、使用、安装维护、检修电动机的依据，因此正确理解铭牌上各项内容的含义是十分必要的。

1. 型号

异步电动机的型号主要包括产品代号、设计序号、规格代号和特殊环境代号等，通常用汉语拼音的大写字母和阿拉伯数字表示，产品代号表示电动机的类型，用大写汉语拼音字母表示，如 Y 表示异步电动机，YR 表示绕线转子异步电动机等。设计序号指电动机产品设计的顺序，用阿拉伯数字表示。规格代号是用中心高、铁心外径、机座号、机座长度、铁心长度、功率、转速或极数表示。如中、小型异步电动机规格代号表示为：轴中心高（mm）机座长度（字母代号）铁心长度（数字代号）—极数；大型异步电动机规格代号表示为：功率（kW）—极数/定子铁心外径（mm）。下面以具体型号说明其意义。

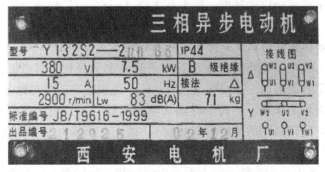

图 2-10　三相异步电动机铭牌

1）中、小型异步电动机型号如下：

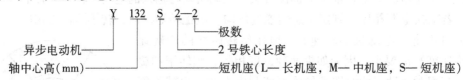

以上型号表示的是轴中心高 132mm、短机座 2 号铁心长度、2 极异步电动机。

2）大型异步电动机型号如下：

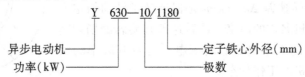

以上型号表示的是功率 630kW、10 极、定子铁心外径 1180mm 的大型异步电动机。

2. 额定值

额定值是制造厂家对电动机在额定工作条件下所规定的量值。

（1）额定功率 P_N　指在额定状态下运行时，转子轴上输出的机械功率，单位为 W 或 kW。

（2）额定电压 U_N　指电动机在额定运行状态时，加在电动机定子绕组上的线电压，单位为 V 或 kV。

（3）额定电流 I_N　指电动机在额定运行状态时，流入电动机定子绕组的线电流，单位为 A 或 kA。

（4）额定频率 f_N　指在额定运行状态时，电动机所接交流电源的频率。我国电网 $f_N = 50\text{Hz}$。

（5）额定转速 n_N　指电动机在额定电压、额定频率和额定功率时，电动机的转子转速，单位为 r/min。

对于三相异步电动机，额定功率与其他额定数据之间有如下关系：

$$P_N = \sqrt{3}\, U_N I_N \eta_N \cos\varphi_N \qquad (2\text{-}2)$$

式中　η_N——电动机的额定效率；

$\cos\varphi_N$——电动机的额定功率因数。

3. 接法

接法是指三相异步电动机的定子绕组的
联结方式，有Y（星形）联结和△（三角形）
联结两种，如图2-11所示，使用时应按铭牌
规定连接。国产 Y 系列的异步电动机，额定
功率4kW 及以上的均采用△联结，以便采用
Y-△起动法起动。

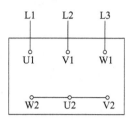 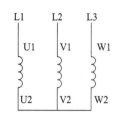

a) Y联结

若额定电压为 220V/380V，联结方式为
△/Y，表示当电源电压为 220V 时，用△联
结；当电源电压为 380V 时，用Y联结。

4. 防护等级

防护等级是指电动机外壳防止异物和水
进入电动机内部的等级。电动机外壳的防护
等级用字母"IP"（国际防护的缩写字母）
和其后面的两位数字表示。

第一个数字表示第一种防护（防固体）
等级，共分为 0~6 等级；第二个数字表示第

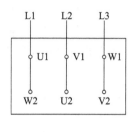 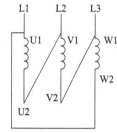

b) △联结

图 2-11　三相异步电动机的接线板

二种防护（防水）等级，分为 0~8 共 9 个等级。数字越大，表示防护能力越强。如 IP44 表
示电动机能防护直径大于 1mm 的固体物入内，同时能防止溅水入内。

5. 绝缘等级

绝缘等级表示电动机所用绝缘材料的耐热等级，它决定了电动机的允许温升。如 B 级
绝缘电动机的允许温升为 80℃，通常环境最高温度取 40℃，此时允许的最高实际温度为
120℃。绕线转子异步电动机还应标示转子绕组的联结方式、转子额定开路电压及额定电流。

❓ 三相异步电动机输入的电能100％转换为机械能了吗？

1. 功率平衡方程式

三相异步电动机以转速 n 稳定运行时，定子绕组从电源输入的电功率 P_1 为

$$P_1 = 3U_1I_1\cos\varphi$$

从等效电路可以看出，P_1 的一小部分消耗于定子绕组的铜损耗

$$P_{Cu1} = 3I_1^2 r_1$$

有一部分消耗于定子铁心的铁损耗

$$P_{Fe} = 3I_m^2 r_m$$

余下的大部分功率通过气隙旋转磁场，利用电磁感应作用由定子传给转子的全部功率，
称为电磁功率 P_{em}

$$P_{em} = P_1 - P_{Cu1} - P_{Fe}$$

P_{em} 等于转子回路全部电阻上的损耗

$$P_{em} = 3I_2'^2 \frac{r_2'}{s} = 3I_2'^2 \left(r_2' + \frac{1-s}{s} r_2' \right)$$

也可表示为

$$P_{em} = 3E_2'I_2' \cos\varphi_2 = m_2 E_2 I_2 \cos\varphi_2$$

转子绕组的铜损耗（又称转差功率）为

$$P_{Cu2} = 3I_2'^2 r_2' = sP_{em}$$

转子铁损耗由于 f_2 很低，可以忽略不计。为此，电磁功率 P_{em} 减去转子铜损耗 P_{Cu2}，剩下的转化为总机械功率 P_{mec}，即

$$P_{mec} = P_{em} - P_{Cu2} = (1-s) P_{em}$$

总机械功率使电动机转动，产生轴承摩擦和风阻损耗等机械损耗，另外，还有一些附加损耗，一般把 $p_m + P_\Delta$ 称为电动机的空载损耗 P_0，P_{mec} 中扣除 P_0 即为轴上输出的功率：

$$P_2 = P_{mec} - (p_m + P_\Delta) = P_{mec} - P_0$$

以上功率关系可用图 2-12 所示功率流程图表示，由以上公式或功率流程图可得电动机总的功率平衡方程式为

$$P_2 = P_1 - \sum P = P_1 - (P_{Cu1} + P_{Fe} + P_{Cu2} + p_m + P_\Delta) \tag{2-3}$$

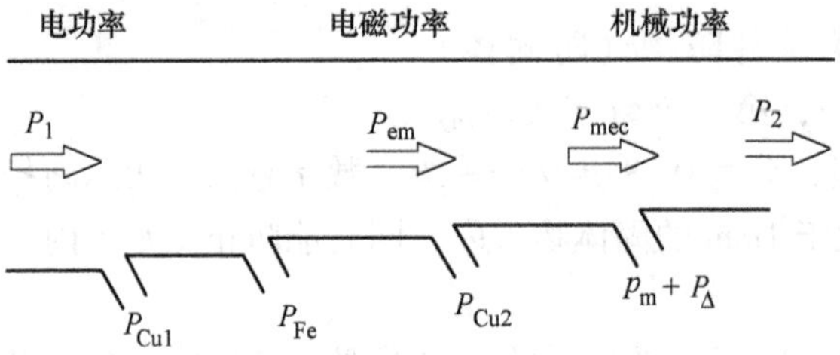

图 2-12　异步电动机功率流程图

2. 转矩平衡方程式

将功率关系式 $P_{mec} = P_2 + P_0$ 的两边同时除以转子机械角速度 Ω，则得到转矩平衡方程式为

$$\frac{P_{mec}}{\Omega} = \frac{P_2}{\Omega} + \frac{P_0}{\Omega}$$

即

$$T = T_2 + T_0 \tag{2-4}$$

式中　T_2——电动机轴上的输出功率，$T_2 = \dfrac{P_2}{\Omega}$；

T_0——空载转矩，$T_0 = \dfrac{P_0}{\Omega}$，对应于机械损耗和附加损耗的转矩；

T——电磁转矩，$T = \dfrac{P_{mec}}{\Omega}$，对应总机械功率的转矩。

可见，电磁转矩 T 等于总机械功率 P_{mec} 除以转子机械角速度，也等于电磁功率 P_{em} 除以同步机械角速度，前者是从转子本身产生机械功率导出的，而后者是从旋转磁场做功这一概念得出的。

3. 电磁转矩公式

$$T_{em} = \frac{P_{em}}{\Omega_0} = \frac{1}{\Omega_0} m_1 I_2'^2 \frac{r_2'}{s} = \frac{m_2 E_2 I_2 \cos\varphi_2}{\frac{2\pi n_0}{60}} = \frac{m_1 E_2' I_2' \cos\varphi_2}{\frac{pn_0}{60}\frac{2\pi}{p}}$$

$$= \frac{m_1(\sqrt{2}\,\pi f_1 N_1 k_{w1}\varphi_m)I_2\cos\varphi_2}{\frac{2\pi f_1}{p}} = \left(\frac{pm_1 N_1 k_{w1}}{\sqrt{2}}\right)\varphi_m I_2'\cos\varphi_2$$

$$= C_{MJ}\varphi_m I_2'\cos\varphi_2 \qquad\qquad (2\text{-}5)$$

式中　C_{MJ}——转矩常数，$C_{MJ} = \dfrac{pm_1 N_1 k_{w1}}{\sqrt{2}}$。

可见，异步电动机的转矩公式与直流电动机的极为相似。

三相异步电动机的工作特性包括哪几个？

1. 转速特性 $n = f(P_2)$

因为 $n = (1-s)n_0$，电动机空载时，转速 n 接近同步转速 n_0，s 很小，随着负载的增加，转速 n 略有下降，s 略微上升，使转子电动势 $E_{2s} = sE_2$ 增大，转子电流 I_{2s} 增大，以产生更大的电磁转矩与负载转矩相平衡，所以，随着输出功率的增大，转速特性是一条稍微下降的曲线，如图 2-13 所示，一般异步电动机额定负载时的转差率为 $1.5\% \sim 5.0\%$，相应的转速为 $(0.985 \sim 0.95)n_0$。

2. 定子电流特性 $I_1 = f(P_2)$

定子电流 $\dot{I}_1 = \dot{I}_m + (-\dot{I}_2')$，空载时，转子电流 $\dot{I}_2' \approx 0$，定子电流几乎全部是励磁电流 $\dot{I}_m$，随着负载加大，转速下降，转子电流 I_2' 增大，相应 I_1 必增大，定子电流近似随 P_2 按比例增加，如图 2-13 所示。

3. 功率因数特性 $\cos\varphi_1 = f(P_2)$

异步电动机对电源来说是感性负载，功率因数总是滞后的，运行时必须从电网吸取感性无功功率。空载时，定子电流几乎全部是无功的磁化电流，所以 $\cos\varphi_1$ 很低，为 $0.1 \sim 0.2$。随着负载的增加，转子电流中的有功分量增加，定子中的有功分量随之增加，使功率因数

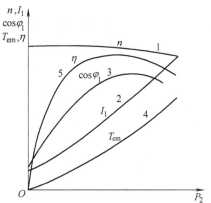

图 2-13　异步电动机的工作特性

提高，在接近额定负载时，功率因数达到最高，负载再增大时，由于转速 n 下降明显，s 值变得较大，转子功率因数角 $\varphi_2 = \tan^{-1}\dfrac{sX_2}{r_2}$ 变大，使 $\cos\varphi_2$ 和 $\cos\varphi_1$ 又开始下降，如图 2-13 所示。

4. 电磁转矩特性 $T_{em} = f(P_2)$

稳态运行时，异步电动机的电磁转矩为

$$T_{em} = T_0 + T_2 = T_0 + \frac{P_2}{\Omega}$$

由于负载不超过额定值时，转速 n 和机械角速度 Ω 变化很小，而空载转矩 T_0 又近似不变，所以 T_{em} 随 P_2 的增大而增大，近似直线关系，如图 2-13 所示。

5. 效率特性 $\eta = f(P_2)$

异步电动机的效率为

$$\eta = \frac{P_2}{P_1} = 1 - \frac{\sum P}{P_2 + \sum P}$$

异步电动机的损耗也可分为不变损耗和可变损耗两部分。电动机从空载到满载运行，由于主磁通和转速变化很小，铁耗和机械损耗近似不变，称为不变损耗。而定、转子铜耗和附加损耗是随负载而变化的，称为可变损耗。空载时，$P_2 = 0$，$\eta = 0$，随着 P_2 增加，可变损耗增加很慢，η 上升很快，直到当可变损耗等于不变损耗时，效率最高。若负载继续增大，铜损耗增加很快，效率反而下降，如图 2-13 所示。对中小型异步电动机，最高效率大约出现在 $0.75P_N$ 时，电动机越大，效率越高，一般在 74%~94% 之间。

我们了解了三相异步电动机，每个小组的组员在组长的带领下采用头脑风暴法讨论，根据本项目的任务要求制订实施工作计划。

想一想

学生通过搜集三相异步电动机选型、拆装及维修等资料，小组讨论，制订电动卷扬机拖动电动机的选型与运行维护项目的工作计划，填写在表 2-2 中。

表 2-2　电动卷扬机拖动电动机的选型与运行维护项目工作计划单

工 作 计 划 单				
项　目			学时	
班　级				
组　长		组　员		
序号	内容	人员分工		备注
学生确认			日期	

【项目设计】

本项目首先要确定适合拖动电动卷扬机的三相异步电动机的型号，每个小组装配一台电动机，因此需设计三相异步电动机的装配流程，最后根据电动卷扬机的工作特点设计电动机的调试电路。

一、电动卷扬机拖动电动机的选型

卷扬机是常用的一种机械，这种机械不仅要求实用，而且还要求经济。设计中如果确定的功率过大，不但会使电动机的费用增大，还会增大零件的尺寸，造成机器笨重、成本增高等缺点。反之确定的功率过小，机械在工作时，不但会由于动力不足而降低劳动生产率，缩小机器的使用范围，而且电动机常在过载情况下运转，容易因过热而导致损坏。另外根据过小的功率设计的机械零件，也会使机器达不到预期的使用寿命，或者会由于强度不足而损坏。所以在设计时应尽量准确地确定机器的功率——确定卷扬机驱动功率。

图 2-14 所示为卷扬机的工作简图。

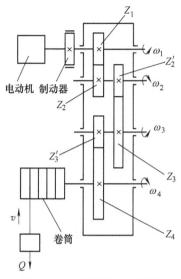

图 2-14 卷扬机的工作简图

1. 该系统的等效转动惯量 J

根据等效构件的动能应等于机器的动能的条件，则可得

$$\frac{1}{2}J\omega_1^2 = \frac{1}{2}J_1\omega_1^2 + \frac{1}{2}(J_2+J_2')\omega_2^2 + \frac{1}{2}(J_3+J_3')\omega_3^2 + \frac{1}{2}(J_4+J_D)\omega_4^2 + \frac{1}{2}\frac{Q}{g}v^2$$

$$J = J_1 + (J_2+J_2')\left(\frac{\omega_2}{\omega_1}\right)^2 + (J_3+J_3')\left(\frac{\omega_3}{\omega_1}\right)^2 + (J_4+J_D)\left(\frac{\omega_4}{\omega_1}\right)^2 + \frac{Q}{g}\left(\frac{v}{\omega_1}\right)^2 \tag{2-6}$$

式中 $\omega_2/\omega_1 = Z_1/Z_2$；$\omega_3/\omega_1 = (Z_1/Z_2')/(Z_2/Z_3)$；$\omega_4/\omega_1 = (Z_1Z_2'Z_3')/(Z_2Z_3Z_4)$；$v/\omega_1 = (\omega_4/\omega_1)(D/2) = (D/2)(Z_1Z_2'Z_3')/(Z_2Z_3Z_4)$。

J_1、J_2、J_2'、J_3、J_3'、J_4、J_D——分别为各对应零件的转动惯量。

2. 等效阻力矩 M_r 的计算

等效阻力矩的瞬时功率为 $\qquad P = M_r\omega_1$

阻力 Q 的瞬时功率为 $\qquad P = Qv$

由以上两式得

$$M_r = Qv/\omega_1$$
$$v = \omega_4(D/2) = (\omega_1/i)(D/2)$$
$$M_r = (QD)/(2i)$$

式中 i——系统的速比。

3. 全部外力的等效力矩

$$M = M_d - M_r$$

式中 M_d——等效驱动力矩。

4. 卷扬机的运动方程

微分形式的动能方程为

$$d(1/2J\omega^2) = Md\Phi$$

式中 Φ——等效构件转过的角度。

$$M = \mathrm{d}(1/2J\omega^2)/\mathrm{d}\Phi$$
$$= J[\mathrm{d}(\omega^2/2)/\mathrm{d}\Phi] + (\omega^2/2)\mathrm{d}J/\mathrm{d}\Phi$$

而 $\mathrm{d}(\omega^2/2)/\mathrm{d}\Phi = [\mathrm{d}(\omega^2/2)/\mathrm{d}t](\mathrm{d}t/\mathrm{d}\Phi) = (1/\omega)\omega\mathrm{d}\omega = \mathrm{d}\omega/\mathrm{d}t$

因此可得

$$M = J\mathrm{d}\omega/\mathrm{d}t + (\omega^2/2)\mathrm{d}J/\mathrm{d}\Phi$$

在各对应零件的转动惯量及转速一定的情况下，J 为常数，则上式可写成

$$M = J\mathrm{d}\omega/\mathrm{d}t$$

5. 驱动功率的确定

驱动机器所需的功率为

$$P = M_r n/(9550\eta) \tag{2-7}$$

式中　P——功率（kW）；

M_r——力矩（N·m）；

η——机器的效率；

n——电动机转速（r/min）。

6. 驱动电动机容量的选择

电动机在额定功率下运转时电动机的效率最高，并且长时间运转时的温升也最合理。因此我们希望所选的电动机能经常在额定功率下运转，在载荷不变的情况下，我们一般取

$$P_N \geqslant P$$
$$T_N \geqslant M_d$$

式中　P_N——电动机的额定功率；

T_N——电动机的额定转矩。

但是在载荷变化的情况下（如重载起动），我们还必须进行过载能力的校核，即

$$M_d = M_r + J\mathrm{d}\omega/\mathrm{d}t \geqslant T_{max} \tag{2-8}$$

式中　T_{max}——电动机的最大输出转矩，T_{max} = 电动机过载能力比×T_N。

正确选择电动机额定功率的原则是：在电动机能够满足机械负载要求的前提下，最经济、最合理地决定电动机功率。本设计 5t 桥式起重机卷扬机属于非连续制工作机械，而且起动、制动频繁，工作粉尘量大，因此选择电动机应与其工作特点相适应。

起重机用卷扬机主要采用三相交流异步电动机。根据起重机的工作特点，电动机工作制应考虑选择断续周期工作制 S3 和短时工作制 S2，多数情况下选用绕线转子异步电动机；在负载较小、不频繁起动时，也可采用笼型异步电动机；对于小吨位卷扬机，考虑到多方面因素，其电动机工作制也允许选择连续工作制 S1。本设计电动机工作制为短时工作制，因此不用考虑电动机的发热计算。

Y 系列三相异步电动机是一般用途笼型异步电动机的基本系列，全国统一设计。它的轴中心高、功率等级、安装尺寸均符合国际电工委员会（IEC）标准，产品可以和国内外各类机械设备配套。Y 系列电动机的绝缘等级为 B 级，外壳防护等级为 IP44，冷却方式为 IC411。基本安装方式有 IMB3、IMB5、IMB35、V1、V3 等。工作方式为 S1 连续工作制，环境温度-15~40℃，海拔1000m 以下，电压380V，频率50Hz。接法：3kW 及以下为丫联结，4kW 及以上为△联结。Y 系列电动机具有效率高、能耗少、噪声低、振动小、质量小、体积小、性能优良、运行可靠及维护方便等优点，广泛用于工业、农业、建筑、采矿行业的各

种无特殊要求的机械设备。

做一做　电动卷扬机拖动电动机的选型

我们了解了电动卷扬机拖动电动机的选型原则和选型方法后，每个小组完成电动机的选型。

电动卷扬机拖动电动机的型号：_____

三相异步电动机的型号：_____

计算过程：

二、电动卷扬机拖动电动机的装配流程

先了解怎样拆卸三相异步电动机

2017年8月东莞市某运动器械有限公司，发生一起触电事故，事故造成1人死亡，直接损失约人民币84万元。公司水泵房的水泵安装在房间尽头处，与自来水管连接，用来提升水压。水泵电动机为三相笼型异步电动机，水泵电动机的控制箱为一个铁盒（装在墙上）。控制箱内装有一个三相交流接触器、两个按钮、一个交流电流表和一个交流电压表。电源线是三芯电缆线，从生产车间配电箱内的三相断路器引出。水泵电动机外壳没有接地线，控制箱内没有剩余电流断路器、没有熔断器、没有热继电器保护。

原因：水泵电动机绕组短路，电动机无任何保护，当水泵电动机绕组短路时，电源总断路器距离远且容量大，因此没有跳闸断开电源，以致水泵电动机绕组绝缘烧坏而漏电。当检修人员进入水泵房检查水泵时，只是看到水泵电动机停止转动了，没有检查电源，误认为水泵电动机不带电，因电动机外壳没有接地保护，电动机漏电外壳带电，所以当其用手触摸电动机外壳时发生了触电事故。

设备检修前一律要验电，没有验电前电器设备都要视为有电。设备检修时停电必须断开隔离开关，要有明显断开点，验完电，确认无电后，还要在可能来电的方向挂接临时接地线保证安全，在开关手柄上要挂标示牌。

第一步：准备工作。

拆卸电动机之前，必须拆除电动机与外部电气连接的连线，并做好标记。

在现场需要检修电动机时，一定要先断开电源并且挂上"禁止合闸，有人工作"的指示牌！

第二步：拆卸带轮或联轴器。

拆卸前，先在带轮或联轴器的轴伸端做好定位标记，用专用拉具将带轮或联轴器慢慢拉出。拉时要注意带轮或联轴器受力情况，务必使合力沿轴线方向，不得损坏转子轴端中心孔。松脱销子的压紧螺栓，慢慢拉下带轮（或联轴器），如图 2-15 及图 2-16 所示。

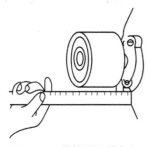

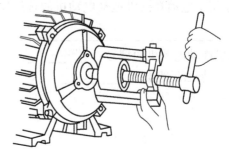

图 2-15　带轮的位置标记　　　　　　图 2-16　用拉具拉卸带轮

第三步：拆卸前轴承外盖、前端盖、风罩、风扇。

拆卸前，先在机壳与端盖的接缝处（即止口处）做好标记以便复位。电动机拆卸步骤示意图如图 2-17 所示。先拆除风罩、风叶。均匀拆除轴承盖及端盖螺栓拿下轴承盖，再用两个螺栓旋于端盖上两个顶丝孔中，两螺栓均匀用力向里转（较大端盖要用吊绳将端盖先挂上）将端盖拿下。无顶丝孔时，可用铜棒对称敲打，卸下端盖，但要避免过重敲击，以免损坏端盖。

a) 拆除风罩

b) 拆除风叶

c) 拆除前端盖

d) 拆除后端盖

e) 抽出转子

图 2-17　电动机拆卸步骤示意图

第四步：拆卸后轴承外盖、后端盖，抽出转子。

继续拆卸后轴承外盖、端盖后就可抽出转子了。拆、装转子时，一定要遵守相关要求，不得损伤绕组，拆前、装后均应测试绕组绝缘及绕组通路。对电动机进行拆装时，一定要小心，尤其是绕组，因为其绕组带有绝缘，容易损坏。对于小型电动机，抽出转子是靠人工进行的，为防手滑或用力不均碰伤绕组，应用纸板垫在绕组端部进行。转子拆装时，应注意对轴及轴承的保护。

第五步：拆卸前轴承、前轴承内盖、后轴承、后轴承内盖。

拆卸轴承应选用适宜的专用拉具。拉力应着力于轴承内圈，不能拉外圈，专用拉具顶端不得损坏转子轴端中心孔（可加些润滑油脂）。在轴承拆卸前，应将轴承用清洗剂洗干净，检查它是否损坏，有无必要更换。清洗电动机及轴承的清洗剂（汽、煤油）不准随便乱倒，必须倒入污油井内。

想一想

了解了如何拆卸三相异步电动机后（装配三相异步电动机的步骤和拆卸相反），每个小组结合所查资料设计装配三相异步电动机的流程图，并在展示时详细阐述装配过程及安全注意事项。

电动卷扬机拖动电动机装配流程图：

三、电动卷扬机拖动电动机起动电路的设计

让我们先了解三相异步电动机的机械特性吧！

机械特性是指电动机转速 n 与转矩 T 之间的关系，一般用曲线表示。

1. 三相异步电动机机械特性的三种表达式

（1）物理表达式

$$T = C_T \varphi_m I'_2 \cos\varphi_2$$

此式清楚表明了 T 和 I'_2、$\cos\varphi_2$ 之间的关系，虽然 I'_2、$\cos\varphi_2$ 与 n 密切有关，但不能清楚地反映 T 与 n 的关系。

（2）参数表达式 电磁转矩为

$$T = \frac{P_{em}}{\Omega_0} = \frac{m_1 I_2'^2 \frac{R_2'}{s}}{\Omega_0}$$

由异步电动机的近似等效电路得

$$I_2' = \frac{U_X}{\sqrt{\left(R_1 + \frac{R_2'}{s}\right)^2 + (X_1 + X_2')^2}}$$

代入 T 的公式，即得参数表达式

$$T = \frac{m_1}{\Omega_0} \frac{U_X^2 \frac{R_2'}{s}}{\left(R_1 + \frac{R_2'}{s}\right)^2 + (X_1 + X_2')}$$

考虑到 $n = (1-s)n_0$，$\Omega_0 = \frac{2\pi n_0}{60}$，即可由此式绘出异步电动机的机械特性曲线 $n = f(T)$，如图 2-18 所示。

机械特性的参数表达式为二次方程，电磁转矩必有最大值，称为最大转矩 T_m。将表达式对 s 求导，并令 $dT/ds = 0$，可求出产生最大转矩 T_m 时的转差率 s_m 为

$$s_m = \pm \frac{R_2'}{\sqrt{R_1^2 + (X_1 + X_2')^2}}$$

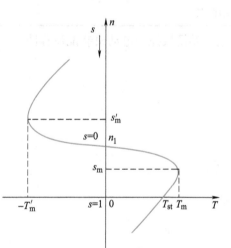

图 2-18　异步电动机的机械特性

s_m 称为临界转差率。代入 T 的公式则可得 T_m，即

$$T_m = \pm \frac{m_1}{\Omega_0} \frac{U_X^2}{2\left[R_1 + \sqrt{R_1^2 + (X_1 + X_2')^2}\right]}$$

式中正号对应于电动机状态，负号对应于发电机状态。

一般 $R_1 \ll (X_1 + X_2')$，故可得近似公式

$$s_m = \pm \frac{R_2'}{X_1 + X_2'}$$

$$T_m = \pm \frac{m_1 U_X^2}{2\Omega_0 (X_1 + X_2')}$$

可见：

1）当电动机参数和电源频率不变时，$T_m \propto U_X^2$，而 s_m 与 U_X 无关。

2）当电源电压和频率不变时，s_m 和 T_m 近似与 $X_1 + X_2'$ 成反比。

3）增大转子回路电阻 R_2'，只能使 s_m 相应增大，而 T_m 保持不变。

最大转矩 T_m 与额定转矩 T_N 之比称为过载倍数，也称为过载能力，用 K_T 表示，即

$$K_T = \frac{T_m}{T_N}$$

一般异步电动机 $K_T = 1.8 \sim 3.0$。起重冶金机械用电动机 K_T 可达 3.5。

异步电动机起动时，$n = 0$，$s = 1$，代入参数表达式，可得起动转矩为

$$T_{st} = \frac{m_1}{\Omega_0} \frac{U_X^2 R_2'}{(R_1 + R_2')^2 + (X_1 + X_2')^2}$$

由此式可知，对绕线转子异步电动机，转子回路串接适当大小的附加电阻，能加大起动转矩 T_{st}，从而改善起动性能。

对于笼型异步电动机，不能用转子串电阻的方法改善起动转矩，在设计电动机时就要根据不同负载的起动要求来考虑起动转矩的大小。起动转矩 T_{st} 与额定转矩 T_N 之比，称为起动转矩倍数，用 K_{st} 表示，即

$$K_{st} = \frac{T_{st}}{T_N}$$

一般电动机 $K_{st} = 1.0 \sim 2.0$，起重冶金机械用电动机 K_{st} 为 $2.8 \sim 4.0$。

（3）实用表达式　参数表达式在理论分析时很有用，但定、转子参数在产品目录中找不到，使用起来不方便。为此，还需导出便于用户实用的实用表达式。

将 T 的公式与 T_m 的公式相除，并加以整理化简，可得

$$T = \frac{2T_m \left(1 + s_m \dfrac{R_1}{R_2'}\right)}{\dfrac{s}{s_m} + \dfrac{s_m}{s} + 2s_m \dfrac{R_1}{R_2'}}$$

如果忽略 R_1，得

$$T = \frac{2T_m}{\dfrac{s}{s_m} + \dfrac{s_m}{s}}$$

上式的 T_m 及 s_m 可由电动机产品目录查得的数据求得，故称实用表达式。只要求得 T_m 和 s_m，就可得到 T 与 $s(n)$ 的关系曲线。T_m 与 s_m 的求法如下：

$$T_m = K_T T_N, \quad T_N = 9550 \frac{P_N}{n_N}$$

$$s_m = s_N \left(K_T + \sqrt{K_T^2 - 1}\right), \quad s_N = \frac{n_0 - n_N}{n_0}$$

2. 固有机械特性

定义：三相异步电动机工作在额定电压和额定频率下，由电动机本身固有的参数所决定的机械特性。固有机械特性曲线 $n = f(T)$ 如图2-19所示。

为描述固有机械特性，下面着重分析几个特殊运行点：

（1）起动点 A　特点是　$n = 0(s = 1)$，$T = T_{st}$。

（2）最大转矩点 B　特点是 $T = T_m$，$s = s_m$。

（3）额定工作点 C　特点是 $n = n_N(s = s_N)$，$T = T_N$。

（4）同步转速点 D　特点是 $n = n_0(s = 0)$，$T = 0$，$I_1 = I_0$。这是电动机状态与回馈制动状态的转折点。

3. 人为机械特性

固有机械特性的条件中有一条不满足时，得到的机械特性就是人为机械特性。

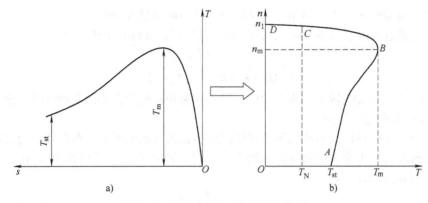

图 2-19　异步电动机的固有机械特性

（1）降低电压 U_X　降低定子端电压时的人为机械特性如图 2-20 所示。

n_0 不变，T_m 与 T_{st} 均与 U_X^2 成正比，s_m 与 U_X 无关，为此可得降低 U_X 时的人为机械特性。图 2-20 中绘出了 $U_X=U_N$、$0.8U_N$、$0.5U_N$ 时的人为特性。

如果负载转矩接近额定时，长期低压运行，会使电动机过热损坏。

（2）转子回路串对称电阻　n_0 不变，T_m 不变，s_m 则随串接电阻 R_Ω 的增大而增大，T_{st} 也随之增大。当 R_Ω 增至 $R_2'+R_\Omega' \approx X_1+X_2'$ 时，$s_m=1$，$T_{st}=T_m$。如果 R_Ω 继续增大，则 T_{st} 开始减小，如图 2-21 所示。

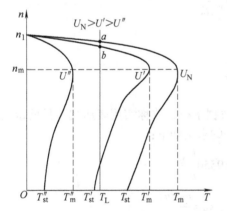

图 2-20　降低定子端电压时的人为机械特性

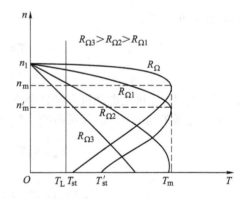

图 2-21　转子回路串对称三相电阻时的人为机械特性

（3）定子电路串联对称电抗　定子电路串联对称电抗 X_{st} 时，n_0 不变，T_m、T_{st} 及 s_m 将随 X_{st} 的增大而减小，一般用于笼型异步电动机的减压起动。

（4）定子电路串联对称电阻　定子电路串联对称电阻 R_f，与串联 X_{st} 相似，n_0 不变，T_m、T_{st} 及 s_m 将随 R_f 的增大而减小，也用于笼型异步电动机的减压起动。

三相异步电动机的起动有哪些方法呢？

1. 三相笼型异步电动机的起动方法

（1）直接起动　直接起动也称为全压起动。起动时，通过三相刀开关或接触器，将电动机定子绕组直接接入额定电压的电网上。直接起动是一种最简单的起动方法，其特点是需要的起动设备简单，操作方便，起动转矩不大，一般 $T_{st}=(1\sim2)T_N$，但起动电流很大，$I_{st}=(4\sim7)I_N$。过大的起动电流会引起电网电压的明显波动，这样的起动性能是不理想的，且对电动机本身也会带来不利影响。因此，直接起动适用于相对电源变压器容量较小的电动机，一般功率在 7.5kW 以下的电动机可以直接起动。

7.5kW 以上电源容量满足下述条件的也可以采用直接起动，公式为

$$K_{st}=\frac{I_{st}}{I_N}\leqslant\frac{1}{4}\left[3+\frac{供电变压器总容量(kV\cdot A)}{电动机容量(kW)}\right] \tag{2-9}$$

不能满足上述条件或起动频繁的电动机，应采用减压起动，将起动电流限制到允许的数值。

想一想：三相异步电动机为什么要采用减压起动呢？

（2）减压起动 减压起动是在起动时，通过起动设备降低加到定子绕组上的电压，待电动机转速上升达一定值时，再使定子绕组承受额定电压而稳定运行。减压起动显然降低了起动电流，但同时也使起动转矩随之减小。减压起动方法一般有以下 4 种。

1）定子串电阻或电抗减压起动。定子串电阻起动的原理图如图 2-22 所示，R_{st} 为起动电阻。起动时，先接通开关 Q_1，使电动机串入电阻 R_{st} 起动；当转速上升到一定值时，再接通开关 Q_2，使电动机定子绕组加全电压正常运行。串电抗起动时，只需用电抗器 X_{st} 代替 R_{st} 即可，如图 2-23 所示。

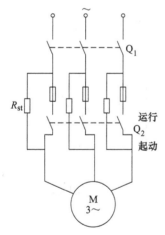 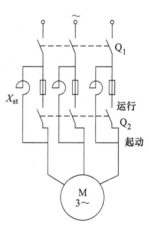

图 2-22 笼型异步电动机定子串电阻减压起动原理图　　图 2-23 定子串电抗减压起动原理图

设 a 为起动电流需降低的倍数，则减压起动时的起动电流为

$$I'_{st}=\frac{I_{st}}{a} \tag{2-10}$$

而 I_{st} 近似与 U_1 成正比，故降低了的电压应为

$$U'_1=\frac{U_1}{a} \tag{2-11}$$

式中　U_1——定子绕组所加相电压的额定值。

因为起动转矩与电压的二次方成正比，故减压起动时的起动转矩为

$$T'_{st} = \frac{T_{st}}{a^2} \tag{2-12}$$

采用定子串电阻或串电抗减压起动，都能降低起动电流，但起动转矩比起动电流下降得更多，故该方法只适用于空载或轻载起动的电动机。串电阻减压起动的起动设备比较简单，投资小，但能耗较大，只宜用于中小型电动机；串电抗减压起动的起动设备投资较大，但能耗很小，适用于功率较大、电压较高的电动机。

2）自耦补偿起动（自耦变压器减压起动）。自耦变压器减压起动器是由一台三相丫联结的自耦变压器和切换开关组成，又称起动补偿器。通过自耦变压器把电压降低后再加到电动机定子绕组上，以达到减小起动电流的目的。异步电动机自耦补偿起动原理如图 2-24 所示。电动机容量较大时，起动补偿器由三相自耦变压器和接触器加上适当的控制电路组成。

起动时，把开关 Q_2 投向"起动"侧，并合上开关 Q_1，此时自耦变压器一次绕组加全电压，而电动机定子电压为自耦变压器二次抽头部分的电压，电动机在低压下起动。待转速上升到一定数值时，再把开关 Q_2 切换到"运行"侧，切除自耦变压器，电动机在全压下运行。

图 2-25 为自耦变压器一相绕组的接线图，其电压比为

$$k = \frac{N_1}{N_2} = \frac{U_1}{U_2}$$

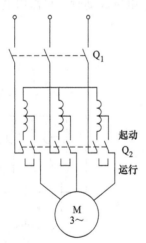

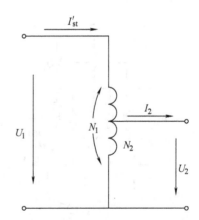

图 2-24　异步电动机自耦补偿起动的原理图　　图 2-25　自耦变压器的一相绕组

减压起动时，电动机每相绕组所加电压降为

$$U_2 = \frac{N_2}{N_1}U_1 = \frac{U_1}{k}$$

电动机绕组线电流 I_2 与电压成正比，故

$$I_2 = \frac{I_{st}}{k}$$

自耦变压器减压起动时的起动电流即由电源供给的电流为

$$I'_{st} = \frac{I_2}{k}$$

综合以上两式，可得

$$I'_{st} = \frac{I_{st}}{k^2} = \left(\frac{U_2}{U_1}\right)^2 I_{st}$$

因起动转矩与电压的二次方成正比，故有

$$T'_{st} = \left(\frac{U_2}{U_1}\right)^2 T_{st} = \frac{T_{st}}{k^2}$$

由上式可知，起动转矩 T'_{st} 和起动电流 I'_{st} 降低的倍数相同，均与自耦变压器电压比的二次方成反比。所以起动用自耦变压器一般设有几个抽头可供选择：国产 QJ2 型起动器有三种抽头，其抽头分别位于总匝数的 55%、64% 和 73% 处；QJ3 型起动器的抽头分别位于 40%、60% 和 80% 处。选择不同的抽头位置可适当调节电压比 k，从而调节起动电流 I'_{st} 和起动转矩 T'_{st}，以满足负载要求。自耦变压器减压起动的优点是起动电流和起动转矩可以适当调节，且降低倍数相同，故可带较重负载起动，但设备复杂、维护麻烦、体积大、重量重、价格高、维修麻烦，且不允许频繁起动。

3）丫-△（星-三角）减压起动。丫-△减压起动只适用于正常运行时定子绕组为△联结的电动机。丫-△减压起动原理如图 2-26 所示。起动时，先将开关 Q_2 投向"起动"侧，将定子绕组接成星形联结，然后合上开关 Q_1 进行起动。此时，定子每相绕组电压为额定电压的 $1/\sqrt{3}$，从而实现了减压起动。待转速上升到一定数值时，再将开关 Q_2 投向"运行"侧，恢复定子绕组的三角形联结，使电动机在全压下运行。

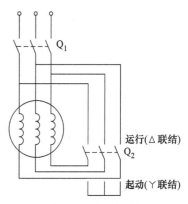

图 2-26　异步电动机
丫-△减压起动的原理图

设△联结直接起动时的相电流为 $I_{st\triangle}$，丫联结起动时的相电流为 $I_{st丫}$，减压起动时的起动电流为 I'_{st}，不难看出减压起动时的起动电流为

$$I'_{st} = I_{st丫} = \frac{I_{st\triangle}}{\sqrt{3}} = \frac{1}{\sqrt{3}} \frac{I_{st}}{\sqrt{3}} = \frac{I_{st}}{3}$$

起动转矩与电压的二次方成正比，故丫-△减压起动时的起动转矩为

$$T'_{st} = \left(\frac{U_{st丫}}{U_{st\triangle}}\right)^2 T_{st} \tag{2-13}$$

式中　$U_{st丫}$、$U_{st\triangle}$——丫联结减压起动和△联结直接起动时定子绕组承受的相电压，显然有

$$U_{st丫} = \frac{1}{\sqrt{3}} U_{st\triangle}$$

$$T'_{st} = \left(\frac{1}{\sqrt{3}}\right)^2 T_{st} = \frac{T_{st}}{3}$$

这表明，丫-△减压起动时的起动电流和起动转矩均降为直接起动时的 $\frac{1}{3}$，即 $I'_{st} = \frac{1}{3} I_{st}$，

$T'_{st} = \frac{1}{3} T_{st}$。丫-△减压起动的优点是设备简单、体积小、质量小、无损耗、运行可靠、维护

简单、起动电流小；缺点是起动转矩小且不可调。故该方法只适用于空载或轻载起动且正常运行时为△联结的电动机。

4）延边三角形减压起动。延边三角形减压起动只适用于定子绕组特别设计的电动机，这种电动机的每相绕组都带有中心抽头，如图 2-27a 所示，抽头比例可按起动要求在制造电动机前确定。起动时的接法如图 2-27b 所示，部分绕组做△联结，其余绕组向外延伸，所以称为延边三角形起动。起动中减压比例取决于抽头比例，绕组延伸部分越多，则减压比例越大。当电动机转速升至接近额定值时，将电动机的三相中心抽头断开并使绕组依次首尾相接以△联结运行，如图 2-27c 所示，电动机在额定电压下正常运转。延边三角形减压起动的优点是设备简单、体积小、重量轻，能带较重负载，允许经常起动；缺点是电动机需专门设计、订货，主要用于专用电动机上。在带较重负载起动时，延边三角形减压起动取代自耦变压器减压起动。

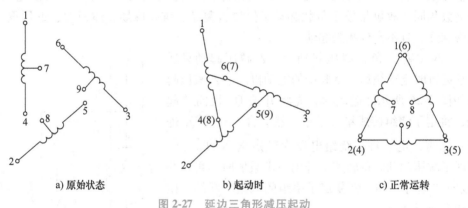

a) 原始状态　　　　　　　　b) 起动时　　　　　　　　c) 正常运转

图 2-27　延边三角形减压起动

2. 三相绕线转子异步电动机的起动方法

三相笼型异步电动机直接起动时，起动电流大，起动转矩不大；减压起动时，起动电流虽减小，但起动转矩也随电压的二次方关系减小，因此笼型异步电动机只能用于空载或轻载起动。大、中容量的电动机需要重载起动时，既要起动转矩大，又要起动电流小。绕线转子异步电动机的转子是三相对称绕组，它通过集电环与电刷可以串接附加电阻，既能限制起动电流，又能增大起动转矩，因此可以实现一种近乎理想的起动方法。绕线转子异步电动机的起动分为转子回路串电阻起动和转子串频敏电阻器起动两种方法。

（1）转子回路串电阻起动　图 2-28 为三相绕线转子异步电动机转子串电阻起动接线图。起动时，在转子绕组中串接适当的起动电阻，以减小起动电流，增加起动转矩，待转速基本稳定时，将起动电阻从转子电路中切除，进入正常运行。为得到良好的起动性能，起动过程中应随转速的上升逐步减小串接电阻，由于转子电流较大，电阻不能连续变化，一般将串接的电阻分成几段，在起动过程中逐步切除，称为转子串电阻分级起动。其起动过程的机械特性，即 $n\text{-}T$ 曲线如图 2-29 所示。在转子回路内串入三相对称电阻时，同步点不变，s_m 与转子电阻成正比变化，最大转矩与转子电阻无关而不变。

转子回路串电阻起动方法比较简单、起动电流 I_{st} 小、起动转矩 T_{st} 大，适用于功率较大、需要重载起动的电动机。

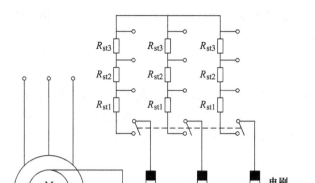

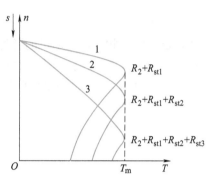

图 2-28 绕线转子异步电动机转子串电阻起动

图 2-29 转子串电阻起动机械特性

（2）转子串频敏电阻器起动　绕线转子异步电动机转子回路串电阻起动，每级都要同时切除一段三相电阻，所需开关盒电阻器较多、控制电路复杂，当级数较多时，设备更为复杂和庞大，不仅增大投资，且维护麻烦。如果采用频敏电阻器，就可克服上述缺点。

频敏电阻器是一种铁损很大的三相电抗器，其特点是阻抗能随频率的下降而自动减小。绕线转子异步电动机串频敏电阻器起动接线图如图 2-30 所示。起动时，Q_1 闭合，Q_2 断开，转子串入频敏电阻器，电动机通电开始起动。此时，$f_2 = f_1$，频敏电阻器铁损大，反映铁损耗的等效电阻 R_m 大，相当于转子回路串入一个较大电阻。随着 n 上升，f_2 减小，铁损减少，等效电阻 R_m 减小，相当于逐渐切除 R_m。起动结束，Q_2 闭合，切除频敏电阻器，转子电路直接短路。

随着 n 的上升，频敏电阻器的等效电阻逐步下降，相当于转子电路串接电阻随 n 的上升自动相应减小，以使起动过程中，起动转矩大且较稳定，起动过程快且平稳。如果频敏电阻器的参数合适，利用频敏电阻器的等效电阻随转速升高自动平滑地减小的特点，可获得图 2-31 中曲线 2 所示的机械特性，使整个起动过程中起动转矩较大而又接近恒定，起动既快速又平稳。

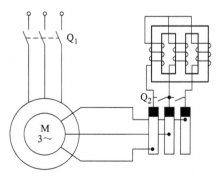

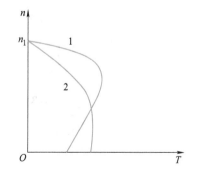

图 2-30 转子串频敏电阻器起动原理图

图 2-31 转子串频敏电阻器起动机械特性

绕线转子异步电动机转子串频敏电阻器起动，控制电路简单、初期投资少、起动性能好、运行可靠、维护便捷、I_{st} 和 T_{st} 可调、便于控制，所以应用较多，适用于频繁起动的绕线转子异步电动机。

做一做

我们已了解三相异步电动机的各种起动方法，对于电动卷扬机的控制，现在常用的是多点移动式按钮组成的操作台。本设计中是用电动机的正转和反转实现重物的上升和下降，其控制电路所需电器元件如图 2-32 所示。其控制电路原理图如图 2-33 所示。

图 2-32　电动卷扬机控制电路所需电器元件图

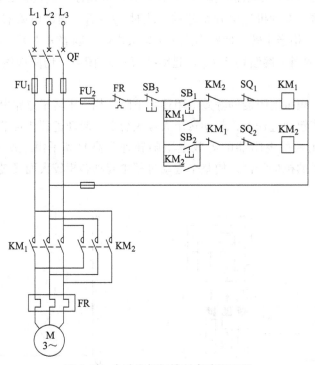

图 2-33　电动卷扬机控制电路原理图

电路工作原理：合上电路总电源开关 QF，按下正转起动按钮 SB_1，KM_1 线圈通电并自锁，电动机正转起动，拖动钢丝绳向上移动，实现提升重物，当按下停止按钮 SB_3 时，电动机停止。按下反转起动按钮 SB_2 时，电动机反转，拖动钢丝绳向下移动，重物被下放，按下停止按钮 SB_3 时，电动机停止。

另外，在使用卷扬机时，通常会采用图中 SQ_1 和 SQ_2 所示的行程开关来确保安全。当钢丝绳上升到一定高度或下放到一定深度时，行程开关会自动切断控制电路，从而切断卷扬机的电源，达到限位保护的目的。

每个小组根据电动卷扬机拖动电动机的特点，结合查找的电动机起动的资料，设计绘制出电动卷扬机拖动电动机的起动电路。

电动卷扬机拖动电动机的起动电路图：

四、电动卷扬机拖动电动机制动电路的设计

三相异步电动机切除电源后总要惯性转动一段时间才能停下来，而卷扬机的吊篮要求准确定位，因此需要对拖动的电动机进行制动。

电动卷扬机的拖动电动机怎样才能制动呢？

卷扬机往往需要运行后能迅速准确停车，在生产中有时采用机械制动方法使卷扬机制动。机械制动是采用机械装置使电动机断开电源后迅速停转的制动方法，如采用电磁抱闸、电磁离合器等电磁铁制动器。

电磁抱闸制动控制电路包括制动电磁铁（YA）和闸瓦制动器两部分。闸瓦制动器由闸轮、闸瓦、杠杆和弹簧等组成。闸轮与电动机转子装在同一轴上，当闸瓦抱住闸轮时实现制动。TJ2 系列闸瓦制动器如图 2-34 所示。

电磁抱闸制动分为通电制动和断电制动。电磁抱闸断电制动控制电路如图2-35所示。合上电源开关 Q 和接触器 KM，电动机接通电源，同时电磁抱闸线圈 YB 得电，衔铁吸合，克

服弹簧的拉力使制动器的闸瓦与闸轮分开，电动机正常运转——电动机通电正常运行。

断开 Q，电动机失电，同时电磁抱闸线圈 YB 也失电，衔铁在弹簧拉力作用下与铁心分开，并使制动器的闸瓦紧紧抱住闸轮，电动机被制动而停转——断电制动。

图 2-34　TJ2 系列闸瓦制动器

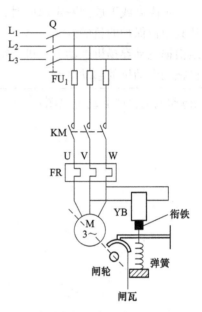

图 2-35　电磁抱闸断电制动控制电路原理图

这种制动方法在起重机械上广泛应用，如行车、卷扬机等。其优点是能准确定位，可防止电动机突然断电时重物自行坠落而造成事故。

三相异步电动机的电气制动有哪些方法呢？

（一）能耗制动

三相异步电动机能耗制动电路如图 2-36 所示。将 Q_1 断开，Q_2 接通，即让电动机从三相电源断开，同时在定子绕组通入一定大小的励磁电流。该励磁电流在定子内形成一个固定磁场，转子由于惯性，继续旋转时，转子绕组切割定子绕组产生恒定磁场、感应电动势和电流，转子载流导体在磁场中受到电磁力的作用，产生与转向相反的转矩，电动机进入制动状态。电动机转速迅速减小，制动转矩亦随之减小，将转子的动能转变为电能消耗在转子回路中，直至 $n=0$，$T=0$，可用于准确停车。由于制动是靠消耗动能来实现的，故称为能耗制动。

能耗制动的机械特性如图 2-37 中曲线所示，在第二、四象限过零点，设原来特性如曲线 1 所示。如果转子回路所串电阻不变，加大直流励磁电流，则对应于最大转矩的转速不变，但最大转矩 T_m 增大，如图 2-37 中曲线 2 所示。如果直流励磁电流保持不变，加大转子回路所串电阻，则对应于最大转矩的转速增加，但最大转矩 T_m 不变，特性斜率增大，如图 2-37 中曲线 3 所示。由机械特性曲线可以看出采用能耗制动停车时，曲线 3 所示的特性比较理想，可以实现快速停车。这时一般取励磁电流为

$$I_- = (2\sim3)I_0, \quad I_0 = (0.2\sim0.5)I_N$$

转子回路串接的电阻为

$$R_{\Omega} = (0.2 \sim 0.4)\frac{E_{2N}}{\sqrt{3}\,I_{2N}} - R_2 , \quad R_2 = \frac{s_N E_{2N}}{\sqrt{3}\,I_{2N}}$$

为此可保证快速停车时最大制动转矩为 $(1.25 \sim 2.2)T_N$。

异步电动机带位能性负载时，可用于低速下放重物，此时的机械特性在第Ⅳ象限。转子电路串接的电阻越大，下放速度越高；定子电流 I 越大，下放速度越慢。

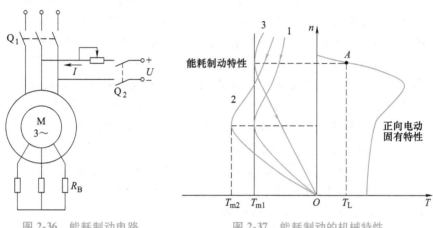

图 2-36　能耗制动电路　　　　　　图 2-37　能耗制动的机械特性

能耗制动广泛用于要求准确停车或低速下放重物的场合。

（二）反接制动

三相异步电动机的反接制动适用于要求更快速停车的情况，其方式有电源两相反接的反接制动和倒拉反接制动。

1. 电源两相反接的反接制动

异步电动机电源两相反接的反接制动也称为定子两相反接制动，它是依靠改变电动机定子绕组的电源相序来产生制动力矩，迫使电动机迅速停转，其工作原理如图 2-38 所示，其机械特性如图 2-39 所示。

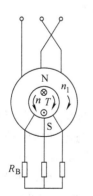
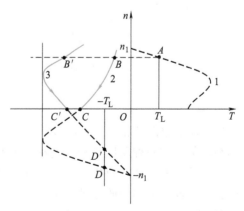

图 2-38　电源两相反接的反接制动　　　图 2-39　电源两相反接的反接制动机械特性

设制动前电动机运行于电动机运行状态，工作在图中的 A 点，若将定子两相反接，工作点移至新的特性曲线上的 B 点，转矩为负，进入制动状态，快速减速，转速降至零以前，及时断开电源，否则可能出现反转现象。调节制动电阻 R_B 的大小，可以改变快速停车的速度。R_B 较小，制动转矩较大，制动较快。

2. 倒拉反接制动

倒拉反接制动适用于绕线转子异步电动机拖动位能性负载的情况，它能使重物获得稳定的下放速度，其制动原理图如图 2-40 所示，绕线转子异步电动机带位能性负载时，若要下放重物，可在转子回路串接较大电阻，使电动机的 $T_{st} < T_L$，电动机将由重物产生的转矩拖动反向起动，随着下放速度的提高，电动机的转矩逐步增大。图 2-41 是绕线转子异步电动机倒拉反接制动时的机械特性。设电动机原来工作在固有机械特性曲线上的 A 点提升重物，当在转子回路串入电阻 R_B 时，其机械特性变为曲线 2。串入电阻 R_B 瞬间，转速来不及变化，工作点由 A 点平移到 B 点，此时电动机的提升转矩 T_B 小于位能负载转矩 T_L，所以提升速度减小，工作点沿曲线 2 由 B 点向 C 点移动。在减速过程中，电动机仍运行在电动状态。当工作点到达 C 点时，转速降至零，对应的电磁转矩 T_C 仍小于负载转矩 T_L，重物将倒拉电动机的转子方向旋转，并加速到 D 点，这时 $T_D = T_L$，拖动系统将以转速 n_D 稳定下降重物。在 D 点，$T_{em} = T_D > 0$，$n = -n_D < 0$，负载转矩成为拖动转矩，拉着电动机反转，而电磁转矩起制动作用，故把这种制动方式称为倒拉反接制动。

由图 2-41 所示的机械特性可以看出，要实现倒拉反接制动，转子回路必须串接足够大的电阻，使工作点位于第四象限。这种制动方式的目的主要是限制重物的下放速度，转子回路的电阻 R_B 越大，下放速度越快。

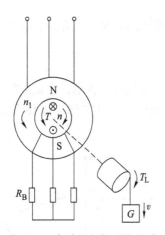

图 2-40　电动机倒拉反接制动

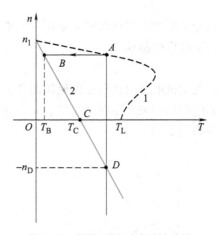

图 2-41　倒拉反接制动机械特性

倒拉反接制动和电源两相反接的反接制动，它们虽然实现制动的方法不同，但在能量传递关系上是相同的。这两种反接制动，电动机的转差率都大于 1。与电动机电动状态相比，反接制动时机械功率的传递方向相反，此时电动机实际上是输入机械功率。所以异步电动机反接制动时，一方面从电网吸收电能，另一方面从旋转系统获得动能（电源两相反接的反接制动）或势能（倒拉反接制动）转化为电能，这些能量都消耗在转子回路中。因此，从能量损失来看，异步电动机的反接制动是很不经济的。

（三）回馈制动

当异步电动机处于电动机工作状态时，由于某种原因，在转向不变的条件下，当转子的转速 n 大于同步转速 n_1 时的状态，我们称为电动机处于回馈制动状态。要使电动机转子的转速超过同步转速（$n>n_1$），那么转子必须在外力矩的作用下，即转轴上必须输入机械能。因此回馈制动状态实际上就是将轴上的机械能转变为电能并回馈到电网的异步电动机的发电运行状态。

三相异步电动机的回馈制动分为反向回馈制动和正向回馈制动。

1. 反向回馈制动

回馈制动状态实际上就是将轴上的机械能转变成电能并回馈到电网的异步电动机的发电运行状态，因此这种制动方法也叫作反向再生发电制动，此方法适用于将重物快速稳定下放。

反向回馈制动的原理如图 2-42 所示，其机械特性曲线如图 2-43 所示。a 点是回馈制动状态下放重物工作点。电动机从提升重物到下放重物的工作过程如下：首先将电动机定子两相反接，这时定子旋转磁场的同步转速为 $-n_1$，机械特性如图 2-43 中曲线 1 所示。反接瞬间，转速不突变，工作点平移，然后电动机经过反接制动过程、反向电动加速过程，工作点向同步点 $-n_1$ 变化，最后在位能负载作用下反向加速并超过同步转速，直到 a 点保持稳定运行，即匀速下放重物。如果在转子电路中串入制动电阻，对应的机械特性如图 2-43 中曲线 2，这时的回馈制动工作点为 b 点，其转速增加，重物下放的速度增大。为了限制电动机转速，回馈制动时，在转子回路中串入的电阻值不应太大。

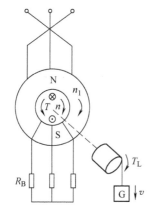

图 2-42　反向回馈制动的原理图

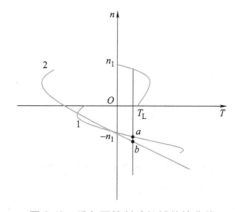

图 2-43　反向回馈制动机械特性曲线

2. 正向回馈制动

正向回馈制动应用于变极和电源频率下降较多的降速过程，其机械特性曲线如图 2-44 所示。设电动机原来在机械特性曲线 1 上的 a 点稳定运行，当电动机采用变极（如增加极数）或变频（如降低频率）进行调速时，其机械特性变为曲线 2，同步转速变为 n_1'。在调速瞬间，转速不突变，工作点由 a 点平移到 b 点。在 b 点，转速大于零，电磁转矩小于零，为制动转矩，且因为 $n_b>n_1'$，故电动机处于回

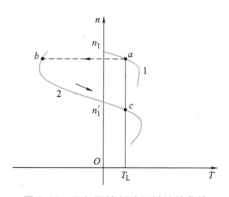

图 2-44　正向回馈制动机械特性曲线

馈制动状态。工作点沿曲线 2 的 b 点到 n_1' 点这一段变化过程为回馈制动过程，在此过程中，电动机吸收系统释放的动能，并转换为电能回馈到电网。电动机沿曲线 2 的 n_1' 点到 c 点的变化过程为电动状态的减速过程，c 点为调速后的稳态工作点。

做一做

我们已了解三相异步电动机的各种制动方法，每个小组根据电动卷扬机拖动电动机的特点，结合查找的电动机制动的资料，设计绘制出电动卷扬机拖动电动机的制动电路。

电动卷扬机拖动电动机的制动电路图：

五、电动卷扬机拖动电动机调速电路的设计

三相异步电动机的调速有哪些方法呢？

异步电动机的转速公式为

$$n = n_0(1-s) = \frac{60f_1}{p}(1-s)$$

可见，三相异步电动机的调速方法有改变极对数 p（变极调速）、改变频率 f_1（变频调速）和改变转差率 s（可通过转子回路串电阻调速实现）三种。

1. 变极调速

三相异步电动机变极调速是通过改变定子绕组的接法，改变定子磁场的极对数，从而调节电动机的同步转速 n_1 和转速 n，此法只适用于笼型电动机。因笼型转子的极对数随定子变化，变极时只需改变定子绕组的接法即可。而对于绕线转子异步电动机，则必须同时改变转子绕组的接法，这难以实现。

下面以 4 极变 2 极为例，说明定子绕组变极原理。图 2-45a 画出了 4 极电动机 U 相绕组的两个线圈，每个线圈代表 U 相绕组的一半，称为半相绕组。两个半相绕组顺向串联（头尾相接）时，根据线圈中电流方向可以看出，定子绕组产生 4 极磁场，即 $2p = 4$。为改变定

子绕组接法，将每一相定子绕组分成两个半相绕组，改变它们之间的接法，使其中一个"半相绕组"中的电流反向，如图 2-45b、c 所示，其中一个半相绕组 U_2、U'_2 中电流反向，这时定子绕组便产生 2 极磁场，即 $2p=2$。由此可见，使定子每相的一半绕组中电流改变方向，就可以改变极对数。但要注意，必须使三相绕组同时改接，即改变 U 相绕组的同时也要改变出线端的相序（如将 V 相、W 相对调），以保证调速前后电动机的转向不变。

例如极对数由 p 变为 $2p$ 时，V 相绕组与 U 相的相位差变为 240°，W 相与 U 相差 $2 \times 240° = 480°$，相当于 120°，如果不改变电源相序，电动机将反转。

三相异步电动机变极调速的典型线路有丫-丫丫和△-丫丫两种。

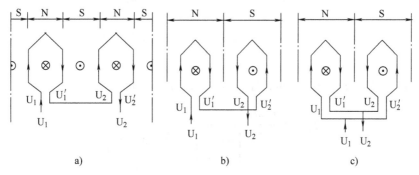

图 2-45　改变定子绕组连接方法以改变定子极对数

丫-丫丫变极调速接线方式，即将单星形联结改接成并联的双星形联结，如图 2-46a 所示；△-丫丫变极调速接线方式，即将三角形联结改接成双星形联结，如图 2-46b 所示。由图可见，这两种接线方式都是使每相的一半绕组内的电流改变了方向，因而定子磁场的极对数减少一半。丫-丫丫和△-丫丫变极调速的机械特性如图 2-47 所示。

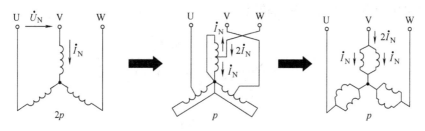

a) 三相异步电动机丫-丫丫变极调速接线方式

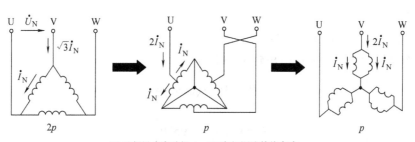

b) 三相异步电动机△-丫丫变极调速接线方式

图 2-46　常用的两种三相绕组改变接法的方法

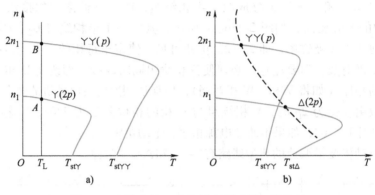

图 2-47 丫-丫丫和△-丫丫变极调速的机械特性

丫丫联结时理想空载转速（同步转速）为 $2n_0$，最大转矩为

$$
\begin{aligned}
T_{\mathrm{m\curlyvee\curlyvee}} &= \frac{1}{2}\frac{m_1}{\varOmega_0}\frac{U_1^2}{\left[\dfrac{R_1}{4}+\sqrt{\left(\dfrac{R_1}{4}\right)^2+\left(\dfrac{X_1+X_2'}{4}\right)^2}\right]}\\
&= \frac{1}{2}\frac{1}{\dfrac{2\pi f_1}{p}}\frac{m_1U_1^2}{\dfrac{1}{4}\left[R_1+\sqrt{R_1^2+(X_1+X_2')}\ \right]} \qquad (2\text{-}14)\\
&= \frac{p}{\pi f_1}\frac{m_1U_1^2}{\left[R_1+\sqrt{R_1^2+(X_1+X_2')^2}\ \right]}
\end{aligned}
$$

丫联结时的同步转速为 n_0，最大转矩为

$$
\begin{aligned}
T_{\mathrm{m\curlyvee}} &= \frac{1}{2}\frac{1}{\dfrac{2\pi f_1}{2p}}\frac{m_1U_1^2}{\left[R_1+\sqrt{R_1^2+(X_1+X_2')^2}\ \right]} \qquad (2\text{-}15)\\
&= \frac{p}{2\pi f_1}\frac{m_1U_1^2}{\left[R_1+\sqrt{R_1^2+(X_1+X_2')^2}\ \right]}
\end{aligned}
$$

可见，$T_{\mathrm{m\curlyvee\curlyvee}}=2T_{\mathrm{m\curlyvee}}$。

下面介绍丫-丫丫变极调速的容许输出。

丫联结容许输出功率和容许输出转矩分别为

$$
P_{\curlyvee}=3U_{\mathrm{X}}I_{\mathrm{N}}\cos\varphi_1\eta \qquad (2\text{-}16)
$$

$$
T_{\curlyvee}=9550\frac{P_{\curlyvee}}{n_{\curlyvee}}\approx 9550\frac{P_{\curlyvee}}{n_0} \qquad (2\text{-}17)
$$

丫丫联结容许输出功率和容许输出转矩分别为

$$P_{YY} = 3U_X(2I_N)\cos\varphi_1\eta = 2P_Y \tag{2-18}$$

$$T_{YY} = 9550\frac{P_{YY}}{n_{YY}} = 9550\frac{2P_Y}{2n_0} = T_Y \tag{2-19}$$

可见，Y-YY变频调速方法属于恒转矩调速方式。

△-YY变极调速绕组改接方法如图 2-46b 所示。△联结时的最大转矩为

$$T_{m\triangle} = \frac{1}{2}\frac{2p}{2\pi f_1}\frac{m_1(\sqrt{3}U_X)^2}{\left[R_1+\sqrt{R_1^2+(X_1+X_2')^2}\right]} = 3T_{mY} = \frac{3}{2}T_{mYY} \tag{2-20}$$

△联结时的容许输出功率为

$$P_\triangle = 3(\sqrt{3}U_X)I_N\cos\varphi_1\eta = \sqrt{3}P_Y = \frac{\sqrt{3}}{2}P_{YY} = 0.866P_{YY} \tag{2-21}$$

可见，△-YY变极调速方法近似为恒功率调速方法。

变极调速时，转速几乎是成倍变化的，调速的平滑性较差，但具有较硬的机械特性，稳定性好，可用于恒功率和恒转矩负载。从以上分析可以看出，异步电动机的变极调速简单可靠、成本低、效率高、机械特性硬，既适用于恒转矩调速，也适用于恒功率调速，属于转差功率不变型调速方法。但变极调速是有级调速，不能实现均匀平滑的无级调速，且能实现的速度档也不可能太多。此外，多速电动机的尺寸一般比同容量的普通电动机稍大，运行性能也稍差一些，且接线较多，并需要专门的换接开关，但总体上，变极调速还是一种比较经济的调速方法。

2. 变频调速

由异步电动机的转速公式 $n = n_1(1-s)$ 和同步转速公式 $n_1 = 60f_1/p$ 可知，若改变电源频率 f_1，则可平滑地改变异步电动机的同步转速，从而使异步电动机的转速 n 也随之改变，达到调速的目的。但在工程实践中，仅仅改变电源频率，会影响电动机的运行，因此需同时调节电源电压。

为使变频时的主磁通保持不变，有

$$\frac{U_1}{f_1} = \frac{U_1'}{f_1'} = 常数$$

为了保持改变频率前、后过载能力不变，要求式（2-22）成立，即

$$\frac{U_1}{U_1'} = \frac{f_1}{f_1'}\sqrt{\frac{T_N}{T_N'}} \tag{2-22}$$

（1）恒转矩变频调速　对恒转矩负载，有 $T_L = 常数$，$\dfrac{U_1}{U_1'} = \dfrac{f_1}{f_1'} = 常数$，此条件下变频调速，电动机的主磁通和过载能力不变，因而变频调速最适用于恒转矩负载。

（2）恒功率变频调速　对恒功率负载，有 $P_N = \dfrac{T_N n_N}{9.55} = \dfrac{T_N' n_N'}{9.55} = 常数$，则

$$\frac{U_1}{\sqrt{f_1}} = \frac{U_1'}{\sqrt{f_1'}} = 常数 \tag{2-23}$$

此条件下变频调速，电动机的过载能力与主磁通无法同时保持不变。

变频调速时电动机的机械特性如图 2-48 所示。

其最大转矩为

$$T_m \approx \frac{m_1 p}{8\pi^2(L_1+L_2')}\left(\frac{U_1}{f_1}\right)^2 \tag{2-24}$$

起动转矩为

$$T_{st} \approx \frac{m_1 p R_2'}{8\pi^2(L_1+L_2')}\left(\frac{U_1}{f_1}\right)^2\frac{1}{f_1} \tag{2-25}$$

临界点转速差为

$$\Delta n_m = s n_1 \approx \frac{R_2'}{2\pi f_1(L_1+L_2')}\frac{60f_1}{p} = \frac{30R_2'}{\pi p(L_1+L_2')} \tag{2-26}$$

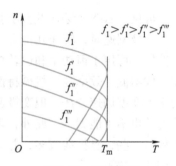

在基频以下调速时，保持 $U_1/f_1 =$ 常数，即恒转矩调速。在基频以上调速时，电压只能为 $U_1 = U_{1N}$，迫使主磁通与频率成反比降低，近似为恒功率调速。

三相异步电动机变频调速具有优异的性能，调速范围大，调速的平滑性好，可实现无级调速；调速时异步电动机的机械特性硬度不变，稳定性好；变频时 U_1 按不同规律变化可实现恒转矩或恒功率调速，以适应不同负载的要求，是异步电动机调速最有发展前途的一种方法。但是，要实现变频调速

图 2-48　变频调速时电动机的机械特性

必须有专用的变频电源，随着新型电力电子器件和半导体变流技术、自动控制技术等的不断发展，变频电源目前都是应用电力电子器件构成的装置。

3. 转子回路串电阻调速

绕线转子异步电动机的转子回路串接对称电阻时的机械特性如图 2-49 所示。从机械特性上看，转子回路串接对称电阻时，n_1、T_m 不变，但转差率 s_m 增大，特性斜率增大。当负载转矩一定时，工作点的转差率随转子串联电阻的增加而增大，电动机的转速随转子串联电阻的增大而减小。转速向下调节，串入电阻越大，转速将越低。

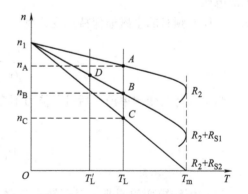

转子回路串电阻调速的物理过程如下：转子回路串入电阻 R_2，转子电流 I_2 减小，转矩 T 下降，$T<T_L$，转速 n 下降，转差率 s 增大，sE_2 增

图 2-49　绕线转子异步电动机的转子回路串接对称电阻时的机械特性

大，I_2 回升，T 回升至 T_L 时，电动机达到新的平衡状态，以降低后的转速稳定运行。

由机械特性曲线可见，所串电阻越大，机械特性越软，转速越低，受转差率限制，调速范围不大。由于转子回路电流较大，电阻只能有级变化，所以，调速级数少，为有级调速。这种调速方法的优点是：设备简单，易于实现，初投资低，操作方便。缺点是：调速是有级的，不平滑，调速范围受静差率限制，只能达到 2~3，低速时转差率大，造成转子铜损耗增大，运行效率低，机械特性变软，当负载转矩波动时将引起较大的转速变化，所以低速时静差率较大。

综上所述，转子回路串电阻调速一般适用于对调速性能要求不高的恒转矩负载，例如起重机械，也可用于通风机负载。

做一做

我们已了解三相异步电动机的各种调速方法，每个小组根据电动卷扬机拖动电动机的特点，结合查找的电动机调速的资料，设计绘制出电动卷扬机拖动电动机的调速电路。

电动卷扬机拖动电动机的调速电路图：

【项目实现】

按照工艺流程和安全操作规程，进行三相异步电动机的安装并按照调试电路完成接线，填写好项目实现工作记录单。

一、电动卷扬机拖动电动机的装配

（一）绘制三相异步电动机定子绕组展开图

按绕组所处部位分为定子绕组和转子绕组，转子绕组又分为笼型绕组和绕线转子式绕组；按绕组层数可分为单层绕组、双层绕组、单双层混合绕组，单层绕组又可分为链式绕组、同心式绕组、交叉式绕组；双层绕组又分为叠绕组、波绕组等。

（1）线圈　由绝缘导线绕制，由一匝或多匝串联组成，有两条有效边，上下端部连线，两个引出线端叫首端和尾端。

（2）极距 τ　它是每个磁极所占定子圆周上的槽数，即

$$\tau = \frac{Z}{2p} \tag{2-27}$$

式中　Z——槽数；

　　　p——磁极对数。

（3）节距　它是一个线圈的两个有效边之间所跨的槽数，用 y 表示，通常 $y=\tau$。若 $y > \tau$，称长距绕组，基本不采用；若 $y=\tau$，称整距绕组，采用得不多；若 $y<\tau$，称短距绕组，应用最多。

（4）每极每相槽数和极相组　对于对称三相绕组，每极每相槽数 $q=\dfrac{Z}{2pm}$。一个磁极下属于同一相的 q 个线圈连接成的线圈组叫作极相组。

（5）相带和槽距角　每极每相 q 个槽所占的电角度叫作相带。对称三相绕组一般采用 60° 相带。每槽所占的电角度叫作槽距角。

三相 4 极 24 槽单层链式三相绕组展开图如图 2-50 所示。

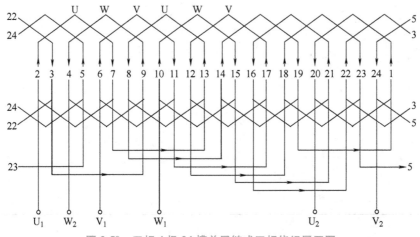

图 2-50　三相 4 极 24 槽单层链式三相绕组展开图

（二）三相异步电动机定子绕组的嵌线

1. 分相

三相交流绕组一般为 60° 相带，三相异步电动机定子绕组分相情况见表 2-3。

表 2-3　三相异步电动机定子绕组分相情况

相带	U_1	W_2	V_1	U_2	W_1	V_2
槽号	1、2	3、4	5、6	7、8	9、10	11、12
	13、14	15、16	17、18	19、20	21、22	23、24

2. 绕组的构成

U 相绕组：（2-7）（8-13）（14-19）（20-1）

V 相绕组：（6-11）（12-17）（18-23）（24-5）

W 相绕组：（10-15）（16-21）（22-3）（4-9）

3. 嵌线规律

1）先把 U 相的第一个线圈 1 的下层边下入槽 7 内，封好槽（整理槽内导线，插入槽楔），线圈 1 的上层边暂时还不能下入槽 2 中去（称为起把或吊把），因为线圈 1 的上层边要压着线圈 11 和线圈 12，所以要等线圈 11 和线圈 12 的下层边下入槽 3 和槽 5 之后，线圈 1 的上层边才能下入槽 2 中去。

2）空一个槽（3 号槽）暂时不下线，将 W 相的第一个线圈 2 的下层边下入槽 9 中，封好槽，线圈 2 的上层边暂时不下入槽 4 中，因为该绕组的 $q=2$，所以起把线圈有两个。

3）再空一个槽（5 号槽），将 V 相的第一个线圈 3 的下层边下入槽 11 中，封好槽。因为这时线圈 1 和线圈 2 的下层边已下入槽中去了，所以线圈 3 的上层边可按 $y=1\sim 6$ 的规定下入槽 6 中，封好槽，垫好相间绝缘。

4）再空一个槽（7 号槽），将 U 相的第二个线圈 4 的下层边下入槽 13 中，封好槽，然后将它的上层边按 $y=1\sim 6$ 的规定下入槽 8 内。这时应注意与本相的第一个线圈的连线，即应上层边与上层边相连或下层边与下层边相连。

5）以后各线圈的下线方法都和线圈 3、线圈 4 一样，按空一个槽下一个槽的方法，依次后退。轮流将 U、W、V 三相的线圈下完，最后把线圈 1 和线圈 2 的上层边（起把边）下入槽 2 和槽 4 中，至此整个绕组就全部下完。

先了解工具的使用方法吧！

4. 嵌线工具

（1）划线板　划线板也称理线板，是下线时将漆包线从引槽纸槽口划入槽内的专用工具，也是作为理顺已下入槽内漆包线的工具。划线板应根据电动机槽口尺寸选用或自制，自制的划线板长度为 10~20cm，宽度为 1~1.5cm，尖处厚度约为 3mm，手持处应厚一些，因为太薄了，手感不舒服。自制一般用新鲜、干透了的毛竹皮或层压树脂板制作，削至上述尺寸后用砂纸打磨，擦净后，再用石蜡涂抹即可。常用的划线板如图 2-51 所示。

（2）压线板　压线板是将已下入槽内的漆包线压实、压平的专用工具，其形状如图 2-52 所示。压线板应根据电动机槽形尺寸选用或自制，一般压线板的压脚宽度为槽上部宽度减去

图 2-51　划线板

0.6~0.7mm 为宜，压脚尺寸要合适，以便于封合槽口。为了使用方便，应配备几种不同规格的压线板，根据线槽宽度选择使用。嵌线常用工具如图 2-53 所示。

（3）绕线模　绕线模是用来确定线圈形状和尺寸的专用工具。使用过程中最重要的是线圈形状和尺寸的定型，因为绕线模尺寸确定的不合适，绕制的线圈就不能下装。线圈太小，造成下线困难；线圈过大，不仅浪费导线，且因线圈端部过长给装配电动机端盖带来困难，甚至会与端盖紧靠而影响对地绝缘。

万用绕线模是组合式线模，适用于 0.6~40kW 三相电动机定子、转子的菱形、半圆形及同心形绕组的绕制，它能自由调整。

图 2-52　压线板

（4）绕线机 绕线机是用来绕制电动机线圈和计数线圈匝数的专用工具，有手摇和电动两种形式，能自动计数、正转加法计数、反转减法计数。绕线机绕制的两把线圈如图2-54所示。

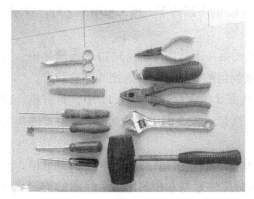

图2-53 嵌线常用工具

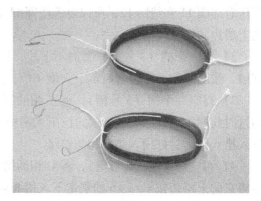

图2-54 绕线机绕制的两把线圈

（5）外径千分尺

1）外径千分尺的作用。外径千分尺一般用于测量电磁线的线径，其分度值为0.001mm。

测量电磁线的线径前，要去除电磁线外面的绝缘层，用软织物擦去外层灰垢，切不可用砂布或刀片去刮绝缘层，以免损伤线径致使测量不准确。

2）外径千分尺的使用。

① 测量前，先把千分尺的两个测量面擦干净，然后转动棘轮，使两个测量面轻轻地接触，并且没有间隙，先检查两测量面间的平行度是否良好，再检查零位对准与否。

② 把被测量物表面擦干净，以免有脏物影响测量精度。

③ 测量时，用左手握外径千分尺的尺架（平端或垂直），右手两指旋转刻度套管。当两个测量面将要接近被测量件表面时，不要再直接旋转刻度套管，而只转动棘轮，以得到固定的测量力。等到虽然转动棘轮而刻度套管不再转动，并听到棘轮发出"咔咔"声时，即可读出测量值。

④ 在读取测量数值时，当心读错0.5mm，即在固定套管上多读或少读半格（0.5mm）。

⑤ 为避免测量一次所得结果的误差，可在第一次测量后松开棘轮，再重复测量几次，取平均值即可。

（6）万用表 万用表是一种多用途和多量限的电气测量仪表，应用十分广泛。一般万用表可测量交流电压、交流电流、直流电压、直流电流、电阻、音频电平等。以DT-830型数字万用表为例，它的测量范围和使用方法如下：

1）测量范围。

① 直流电压分五档：200mV、2V、20V、200V、1000V。输入电阻为10MΩ。

② 交流电压分五档：200mV、2V、20V、200V、750V。输入阻抗为10MΩ。频率范围为40~500Hz。

③ 直流电流分五档：200μA、2mA、20mA、200mA、10A。

④ 交流电流分五档：200μA、2mA、20mA、200mA、10A。

⑤ 电阻分六档：200Ω、2kΩ、20kΩ、200kΩ、2MΩ、20MΩ。

此外，它还可检查半导体二极管的导电性能，并能测量晶体管的电流放大系数和检查线路通断。

2）显示器。它可以显示 4 位数字，最高位只能显示 1 或不显示数字，算半位，故称三位半，最大指示值为 1999 或-1999。当被测量超过最大指示值时，显示"1"或"-1"。

3）电源开关。使用时将电源开关置于"ON"位置；使用完毕置于"OFF"位置。

4）转换开关。它用以选择功能和量程。根据被测的电量（电压、电流、电阻等）选择相应的功能位；按被测量的大小选择适当的量程。

5）输入插座。将黑色测试笔插入"COM"插座。红色测试笔有如下三种插法：测量电压和电阻时插入"V·Ω"插座，测量小于 200mA 的电流时插入"mA"插座，测量大于 200mA 的电流时插入"10A"插座。

DT-830 型数字万用表的采样时间为 0.4s，电源为直流 9V。

指针式万用表在操作使用过程中的注意事项，同样适用于数字万用表。另外，还应注意，接通万用表电源后，观察液晶显示器显示是否正常，当低电压显示符号出现在显示器上时，应及时更换电池。

测量电阻之前，要将两支表笔短接一下，观察显示器上显示的数字。显示器上往往不显示零，所显示出来的数字，即为表笔插孔处的接触电阻、表笔导线电阻以及两支表笔接触电阻之和。虽然只有零点几欧，但在实际测量时，应将读数减去这一阻值，才是被测电阻的实际阻值。

(7) 绝缘电阻表　绝缘电阻表是用来测量电气设备绝缘电阻的仪表。绝缘电阻表分为手摇式和数字式。

1）手摇式绝缘电阻表。手摇式绝缘电阻表俗称摇表，由手摇发电机和表头（磁电式）两部分组成。手摇发电机可产生测量用电压，指针式表头可指示被测设备的绝缘电阻值。表头内的线框上装有两个互成角度的线圈，其中一个线圈中的电流直接来自发电机，另一个线圈的电流也是来自发电机，但中间要流经被测物体。

绝缘电阻表按电压等级分，常用的有 500V、1000V 和 2500V 三种规格。高电压规格适用于高额定电压的被测设备。如测额定电压高于 500V 的电气设备绝缘电阻，要选用 1000V 或 2500V 绝缘电阻表。

绝缘电阻表上有三个接线端子：L、E 和 G。L 端子接被测物体，E 端子接地，G 端子为保护环。摇动直流发电机手柄时，一路电流从 L 端子流出，经被测物体、对地绝缘层至地（即 E 端子）。电流从 E 端子回到表头内的一个线圈，另一个线圈还通有直接来自发电机的电流。当电流通过两个线圈时，在永久磁铁的作用下，线圈转动，带动指针，指出绝缘电阻值。如果被测物体的绝缘状态非常好，从 L 端子流出的电流为零，这时两个线圈中只有一个线圈（直接与发电机相连的那个线圈）通有电流，表头指针指在"∞"处。如果被测物体的绝缘电阻不是无穷大，这时，两只线圈中都有电流流通，在永久磁铁作用下线圈转动，带动指针，指示出某一数值。如果被测物体已接地，即绝缘电阻为零，则从 L 端子流出来的电流是最大值，这时表头指针指在"0"处。

测量电动机、电器或线路对地绝缘电阻时，其导电部位与 L 端子相接，接地线或设备的外壳、基座等，与 E 端子相接。测量电动机、电器或线路的相间绝缘电阻时，两相分别与 L 端子、E 端子相接。测量电缆的线芯对其外壳的绝缘电阻时，线芯接 L 端子，电缆外壳接 E 端子，为了消除表面泄漏电流对测量结果的影响，要将电缆的绝缘层与 G 端子相接。

绝缘电阻表的使用方法如下：

① 根据被测物的电压等级，正确选用绝缘电阻表，例如 500V 以下的电气设备，应选用 500V 绝缘电阻表；1000V 以上的电气设备，应分别选用 1000V、2500V 或 5000V 的绝缘电阻表。

② 测量前，首先对绝缘电阻表进行一次开路和短路试验，检查绝缘电阻表是否完好。开路试验是将两根测量导线分开，摇动手柄，正常情况下表针应该指到"∞"处。短路试验是将两根测量导线短接，缓慢摇动手柄，正常情况下表针应该指在"0"处。开路试验时指针如不指在"∞"处，短路试验时指针如不指在"0"处，则该绝缘电阻表有故障，不能用于测量。

③ 绝缘电阻表在使用时，应放置平稳，摇动手柄的速度应控制在 120r/min 左右，且要均匀。连接绝缘电阻表的导线，要选用绝缘良好的单股线，不要选用绞线；测量时两根测量导线要分开，悬空。

④ 对于高压线路和高压电气设备，如电力变压器、高压电动机等，测量前各相都要对地放电。

⑤ 测量时必须确认被测物已切断电源，也不可能受其他电源感应带电，禁止在雷电或邻近设备带有高压电的情况下测量。

⑥ 在测量电缆线路、电容器、电动机和变压器等电气设备绝缘电阻时，由于绝缘电阻表要向它们所存在的电容充电，所以测量结束后，应对被测物短路放电。

⑦ 为保证安全，测量时两手不能同时接触绝缘电阻表的两接线柱或其测量导线的金属部位。

⑧ 测量中如指针已经指零，则应立即停止摇动手柄，以免烧坏表头。

2）数字式绝缘电阻表。数字式绝缘电阻表与手摇式绝缘电阻表的结构不同，其主要组成部分有 500V 或 1000V 直流电压形成电路（相当于手摇式绝缘电阻表中直流发电机的作用）和测试电路，包括 A-D 转换电路（相当于手摇式绝缘电阻表中的测量线圈的作用）以及 LCD（相同于手摇式绝缘电阻表中的指针的作用）。

500V 或 1000V 直流电压形成电路主要包括脉冲振荡器、脉冲变压器、多倍压整流电路等，将低压 6V 或 9V 直流电压提升到 500V 或 1000V 直流电压，供测试电路使用。测试电路采用电桥法与双积分电路相结合。而 A-D 转换采用一块大规模集成电路来完成，同时驱动 LCD，指示出所测物体的绝缘电阻值。

数字式绝缘电阻表的测量原理及使用注意事项与手摇式绝缘电阻表基本相似。

5. 嵌线步骤

（1）放置槽绝缘　将已裁剪好的槽绝缘纸纵向折成"U"字形插入槽中，绝缘纸光面向里，便于向槽内下线，槽绝缘纸两端伸出铁心的长度均匀。

（2）线圈的整理

1）缩宽。用两手的拇指和食指分别拉压线圈直线转角部位，将线圈宽度压缩到能进入定子内膛而不碰触铁心，也可将线圈横立并垂直于台面，用双手扶着线圈向下压缩。

2）扭转。解开欲下线圈有效边的扎线，左手拇指和食指捏住直线边靠转角处，同样用右手指捏住上层边相应部位，将两边同向扭转，使线圈边导线扭向一面。

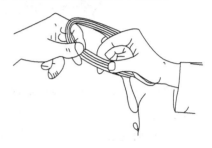

3）捏扁。将右手移到下层边与左手配合，尽量将下层直线边靠转角处捏扁，然后左手不动，右手指一边捏一边向下搓，使下层边梳理成扁平的刀状，如扁平度不够，可多搓捏几次。线圈捏法如图2-55所示。

图 2-55　线圈捏法

6. 嵌线工艺

嵌线（也称下线）是一种技艺要求较强的工作，它需要细心操作，一点也不能马虎，因为下线的水平关系到电动机的质量，直接影响到重绕三相电动机的电气性能。

（1）下线的通用规则

1）为了便于下线、接线，在同一台三相电动机定子腔中，所有线圈的头和尾引出线或过渡线，都应在出线盒侧，这样便于查线、引线。

2）双层叠绕的引出始端或终端，应该同在底层或同在上层，这样做可避免绕组引出线接错，也方便查对引线。

3）务必下线方向一致，也就是每个线圈导向一致，下线通常采用顺时针倒退法下线。

（2）下线操作步骤　下线操作按如下几个步骤进行：

1）沉边（或下层边）的下入。线圈引线先行下入槽内，右手将搓捏扁后的线圈有效边后端倾斜靠向铁心端面槽口，左手从定子另一端伸入接住线圈，如图2-56所示。双手把有效边靠左段尽量压入槽口内，然后左手慢慢向左拉动，右手既要防止槽口导线滑出，又要梳理后边的导线，边推边压，双手来回扯动，使导线有效边全部下入槽内。导线进槽应按绕制线圈的顺序，不要使导线交叉错乱，线圈两端槽外部分虽略带扭绞形，但槽内部分必须整齐平行，否则会影响导线的全部嵌入，而且会造成导线相擦而损伤绝缘。在线圈捏扁后不断送入槽内时，用理线板在线圈边两侧交替理线，引导导线入槽。如果尚有未下入的导线有效边部分，可用划线板将该部分导线逐根划入槽内，划线板运动方向如图2-57所示。导线下入后，用划线板将槽内导线从槽的一端连续划到另一端，一定要划出头。这种梳理方式的目的，是为了槽内导线整齐平行，不交叉。

2）浮边（或上层边）的下入及理线。理线俗称划线。在线圈的下层边（又叫尾端边、沉边）拉入槽内后，将上层边（首端边、浮边）推至槽口，理直导线，左手拇指和食指把槽外的线圈边捏扁，把导线一根或几根不断地送入槽内的同时，右手用理线板在槽内线圈边两侧交替划拨导线，使槽内导线理直、平行。当大部分导线被下入到槽内之后，两掌向里向下按压线圈端部，使端部压下去一点，从而使线圈张开一些，迫使已下入的电磁线不堆积在槽口，以便槽外的线顺利进入槽内，划线方法如图2-58所示。

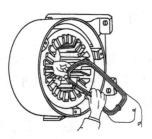

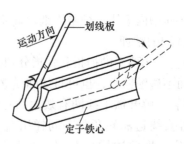

图 2-56　下层边的嵌线方法　　　　图 2-57　划线板运动方向

3）导线压实。当槽满率较高时，除了用划线板理顺导线外，还需用压线板压实。通常是一手持划线板从左至右划线，另一只手拿着压线板压线。压线不可用力过猛。使用新压线板时，要仔细检查压线板工作面是否平展、光滑，如果表面粗糙、有棱有角，应用砂布打磨、涂蜡，以免损伤漆包线的外皮。定子较大，导线较粗，线圈端部在槽口转角处的导线往往凸起使后续导线不易下入时，可以垫入竹板向下敲打。

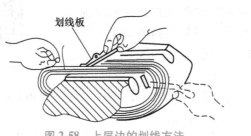

图 2-58　上层边的划线方法

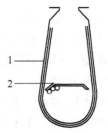

图 2-59　垫入层间绝缘

1—槽绝缘　2—层间绝缘

4）垫入层间绝缘。当下层边（尾端边、沉边）下完，即可将层间绝缘弯成 U 形插入槽内，盖住下层边，如图 2-59 所示。插入后需仔细观察是否有导线跳到层间绝缘之上，如果有，必须把它压下去，盖在下面。这是因为下层边的导线跳到上层边后，如果这两层边分别属于两个极相组，极易造成短路或相间击穿等故障。

5）封槽口。槽满率越高，封槽口越重要。先将导线用压线板压实，然后将槽盖绝缘插入，或将槽口的槽绝缘纸折合包住导线，折复槽绝缘需重叠 2mm 以上。再用压线板压实绝缘纸，跟随着压线板压出的空隙插入槽楔（楔板），如图 2-60 所示。如果插楔困难，则可用

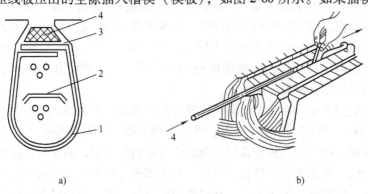

a)　　　　　　　　　　b)

图 2-60　封槽口

1—槽绝缘　2—层间绝缘　3—封口　4—槽楔

橡胶锤敲打槽楔。一个人不好操作的话，可请助手，一个人压压线板，另一个人敲打槽楔。值得一提的是，要观察槽绝缘包封面是否被槽楔撕破，如果受损，应及时采取措施。否则，不仅会造成槽楔无法到位，还很可能损伤漆包线，造成更大的返工。

6）端部相间绝缘。端部相间绝缘放置前宜将绝缘纸裁剪成半月状（先剪一张插入端部绕组试一下，经试修几次认可后再行裁剪），然后仔细辨认极相组，逐个分别插入绝缘纸。插入时必须将绝缘纸塞到槽绝缘处，并与之吻合（至压住层间绝缘为止）。定子嵌线过程如图 2-61 所示。

a)

b)

c)

d)

图 2-61 定子嵌线过程

（三）焊接定子绕组接头

无论是绕组的过线、极相组间的接头，还是三相绕组引线端，其接头均可叫作"绕组接头"，这些接头必须进行焊接，使接头接触牢固，接触电阻最小。

1. 线圈头尾去漆皮

在做绕组接头之前，必须将线圈头尾导线的绝缘层去掉，方法有刮除法、化学除法、机器除法等多种。

（1）刮线刀刮漆皮　漆包线上附着一层较薄但又很结实的漆皮，为了去掉它，有人采用火烧，火烧会使铜导线变软，影响导线的机械强度。较简单的方法是用刮线刀来刮，刮线刀外形酷似指甲剪，可以自行加工，也可以用类似形状的长指甲刀代用。

操作方法如下：左手握住漆包线，右手持刮线刀，让刀刃"咬"住线头的一定长度，顺线往下一拉，漆皮便掉了下来，然后再"咬"住线头的另一处刮，直至线头全部呈现铜的本色为止。

刮漆皮如图 2-62 所示。

（2）化学除漆 采用化学除漆，所用配方如下：甲酸（又名蚁酸，工业用，浓度为 88%）6g；香蕉水 1g；白蜡（防止液体蒸发）适量。

将上述原料按重量比配备，放在玻璃或陶瓷器皿里，加热到 85～90℃，使溶化了的白蜡浮在液体上面达 100mm 厚。

把待去漆皮的线头线尾浸在上述溶液中（深度由去皮长短来决定），大约浸 3min，漆层便与铜线分离。取出线头，用布擦掉残留液和漆皮即可。

这种溶液具有很强的腐蚀性，并有较大的刺激臭味。操作中，必须戴好口罩、眼镜、手套等劳保用品，手和皮肤不可直接触及去漆溶液，以免受伤。万一有微量的去漆溶液溅到皮肤上，可立即用清水冲洗。

图 2-62　刮漆皮

（3）电动刮线机去漆 采用漆包线电动刮线机去漆，既快又好，操作十分方便，将待去漆皮的线头插入电动刮线机的"口"中，按动开关，漆皮便立即磨去。

2. 焊接头的连接形式

绕组接头的接线可分为单股线接头、多股软导线接头、扁铜线接头等多种。

（1）绞接 对于导线较细的绕组，可采用绞接，即直接把线头绞合在一起。各种线头的绞接如图 2-63 所示。接头长度可根据导线粗细而定，一般为 20～40mm。

（2）扎线连接 对于导线较粗的绕组，可采用扎线连接，如图 2-64 所示。扎线一般用 0.3～0.8mm 的铜线（去掉绝缘），扎线的粗细和圈数应根据线头的大小和根数而定。线头应扎紧，但不要太密，以便于锡液流入。绕组接头焊接后如图 2-65 所示。

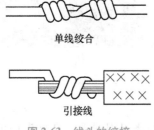

图 2-63　线头的绞接

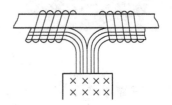

图 2-64　线头的扎线连接

（四）绑扎定子绕组端部

在线圈下完之后，就可着手对定子端部进行统一绑扎。这因为定子绕组虽说是静止不动的，但电动机在起动和运转的过程中，线圈要受到电磁力的冲击，所以必须将端部绑扎结实。端部绑扎含绕组引出线的绑扎，在定子绕组连接线焊接后，一般用绝缘套管套住接线头，如接线头较大，则可用绝缘绸带绑扎。为了防止外力拉脱，引出线的线头要进行绑扎。绑扎方法有两种：一种是把引出线、连接线及其套管与线圈端部一起捆扎，这样绑扎较牢固；另一种是不与线圈直接捆在一起，而是把引出线和连接线单独绑扎。

定子绕组各相连接线绑扎后便形成一个圈，如图 2-66 所示。通常采用两种布置形式：第一种为端部绑扎，连接线全部置于定子绕组顶部，用蜡线进行绑扎成捆。这样就会使绕组端部加长，容易引起碰触端盖的接地故障，所以常用于极数较多而绕组端部较短，且端部轴向空间较大的三相电动机。第二种是绕组端部外侧绑扎，它是把全部连接线放在绕组端部外侧绑扎，无疑这将减少绕组端部的轴向尺寸，但却增加了绕组端部的径向尺寸，这种方法适用于绕组端部较长而定子铁轭较厚的 2 极三相电动机。

图 2-65　绕组接头焊接后

图 2-66　定子绕组各
相连接线绑扎后

（五）检查外观

1）绕组端部尺寸是否符合要求。

2）槽底口的绝缘是否良好。

3）槽口绝缘是否封好，有无凸起处。

4）绝缘纸是否有凸起槽口处。

5）相间绝缘是否垫好。

6）引出线侧绕组端部是否包扎牢固。

（六）电动卷扬机拖动电动机的装配

1. 装配前检查

装配异步电动机的步骤与拆卸相反。装配前要检查定子内污物、锈蚀处是否清除干净，止口有无损伤。

2. 复位、检查

将各部件按标记复位，并检查轴承盖配合是否合适。

3. 直流电阻测量

1）测量每相绕组首尾端是否通路（导通）。

2）用电桥测量每相绕组直流电阻值是否平衡。如不平衡，则不平衡度应小于 5%。

4. 测量绝缘电阻

一般用绝缘电阻表测量相与相、相与地之间绝缘电阻。

测量前应检验绝缘电阻表的好坏。将绝缘电阻表水平放置，空摇绝缘电阻表，指针应该指到∞处，再慢慢摇动手柄，使 L 和 E 两接线柱输出线瞬时短接，指针应迅速指零。注意在摇动手柄时不得让 L 和 E 短接时间过长，否则将损坏绝缘电阻表。

在拆去接线盒中三相绕阻全部连接铜片的前提下，将绝缘电阻表的接地端（E）接在电动机外壳上，线路端（L）分别接电动机绕组的任一接线端，然后以 2r/s 的匀速摇绝缘电阻表的手柄，表针稳定后读数，该数值即为所测绕组的对地绝缘电阻值；再用绝缘电阻表检测三相绕阻之间的绝缘电阻值，记入自制表格中。阻值应大于 200MΩ 为正常。

额定电压在 500V 以下的电动机，用 500V 绝缘电阻表测量；额定电压为 500～3000V 的电动机，用 1000V 绝缘电阻表测量；额定电压在 3000V 以上电动机，用 2500V 绝缘电阻表测量。

新嵌电动机：低压电动机，绝缘阻值≥5MΩ；高压电动机，绝缘阻值≥20MΩ。

5. 检查极性

将三相绕组的 6 个端头从接线板上拆下，先用万用表测出每相绕组的两个端头，并将三相绕组的 6 个端分别编号为 1、2、3、4、5、6。

将 3、4 号绕组端接万用表正、负端钮，并规定接正端钮的为首端，将万用表置于直流最低毫安档。将另一组的 1、2 端分别接低压直流电源正、负极；在闭合 SA 开关的瞬间，如电流表指针向右偏转，则与电源正极相接的 1 端和与万用表正端钮相接的 3 端为同极性端，均为首端。反过来，2 与 4 也是同极性端，均为尾端，用同样办法，可判断出第三相绕组的 5、6 两端谁为首端，谁为尾端。规定 1-2 端绕组为 U 相、3-4 端绕组为 V 相、5-6 端绕组为 W 相，按要求填出对应端子的编号。

二、电动卷扬机拖动电动机调试电路的连接

按照设计的三相异步电动机的起动、制动和调速电路来连接三相异步电动机的调试电路，注意安全操作规程，各小组填写表 2-4 所示项目实现工作记录单。

表 2-4 项目实现工作记录单

课程名称	电机与变频器安装和维护		总学时:80 学时
项目二	电动卷扬机拖动电动机的选型与运行维护		参考学时:24 学时
班级	组长	小组成员	
项目工作情况			
项目实现遇到的问题			
相关资料及资源			
工具及仪表			

【项目运行】

遵守安全操作规程，按照系统调试方案进行三相异步电动机的调试与运行，分析在调试运行中出现问题的原因，直到三相异步电动机试车成功。

一、电动卷扬机拖动电动机的运行

（一）电动卷扬机拖动电动机的调试

1）开启电源总开关，按下"开"按钮，接通三相交流电源。

2）调节调压器，将三相低电压（30%U_N）通入电动机三相绕组并逐步升高，使输出电压达到电动机额定电压220V，使电动机起动旋转（如电动机旋转方向不符合要求需调整相序时，必须按下"关"按钮，切断三相交流电源）。

3）按下"关"按钮，断开三相交流电源，待电动机停止旋转后，按下"开"按钮，接通三相交流电源，使电动机全压起动。注意电动机的起动情况，电动机开始运转，运转时注意聆听，运转时应平稳、轻快、声音均匀而不含有杂声，轴承无漏油及温升过高等不正常现象。

4）运转时间不少于10min，然后，测量三相异步电动机三相电流是否平衡，若三相电流平衡，可使电动机继续运行。

5）完成三相异步电动机的调速。

（二）电动卷扬机拖动电动机的运行中的监测

1. 看

观察电动机运行过程中有无异常，其主要表现为以下几种情况。

1）定子绕组短路时，可能会看到电动机冒烟。

2）电动机严重过载或断相运行时，转速会变慢。

3）电动机正常运行，但突然停止时，会看到接线松脱处冒火花，熔丝熔断或某部件被卡住等现象。

4）若电动机剧烈振动，则可能是传动装置被卡住或电动机固定不良、底脚螺栓松动等。

5）若电动机内接触点和连接处有变色、烧痕和烟迹等，则说明可能有局部过热、导体连接处接触不良或绕组烧毁等。

2. 听

电动机正常运行时应发出均匀且较轻的"嗡嗡"声，无杂声和特别的声音。若发出的噪声太大，包括电磁噪声、轴承杂声、通风噪声、机械摩擦声等，均可能是故障先兆或故障现象。

（1）电磁噪声　如果电动机发出忽高忽低且沉重的声音，则原因可能有以下几种：

1）定子与转子间气隙不均匀，此时声音忽高忽低且高低音间隔时间不变，这可能是轴承磨损从而使定子与转子不同心所致。

2）三相电流不平衡。这是三相绕组存在误接地、短路或接触不良等原因，若声音很沉闷，则说明电动机严重过载或断相运行。

3）铁心松动。电动机在运行中因振动而使铁心固定螺栓松动造成铁心硅钢片松动，发出噪声。

（2）轴承杂声　对于轴承杂声，应在电动机运行中经常监听。监听方法是：将旋钉螺具一端顶住轴承安装部位，另一端贴近耳朵，便可听到轴承运转声。若轴承运转正常，其声音为连续而细小的"沙沙"声，不会有忽高忽低的变化及金属摩擦声。若出现以下几种声音则为不正常现象。

1）轴承运转时有"吱吱"声，这是金属摩擦声，一般由轴承缺油所致，应拆开轴承加注适量润滑脂。

2）若出现"唧哩"声，这是滚珠转动时发出的声音，一般由润滑脂干涸或缺油引起，可加注适量油脂。

3）若出现"喀喀"声或"嘎吱"声，则为轴承内滚珠不规则运动而产生的声音，这是轴承内滚珠损坏或电动机长期不用，润滑脂干涸所致。

（3）其他　若传动机构等发出连续而非忽高忽低的声音，可分以下几种情况处理。

1）周期性"啪啪"声，为带接头不平滑引起。

2）周期性"咚咚"声，为联轴器或带轮与轴间松动以及键或键槽磨损引起。

3）不均匀的碰撞声，为风叶碰撞风扇罩引起。

3. 闻

通过闻电动机的气味也能预判故障。若发现有特殊的油漆味，则说明电动机内部温度过高；若发现有很重的煳味或焦臭味，则可能是绝缘层被击穿或绕组已烧毁。

4. 摸

摸电动机一些部位的温度也可判断故障原因。为确保安全，用手摸时，应用手背去碰触电动机外壳、轴承周围部分，若发现温度异常，其原因可能有以下几种：

1）通风不良，如风扇脱落、通风道堵塞等。

2）过载，致使电流过大而使定子绕组过热。

3）定子绕组匝间短路或三相电流不平衡。

4）频繁起动或制动。

5）若轴承周围温度过高，则可能是轴承损坏或缺油所致。

二、电动卷扬机拖动电动机的维护

1）应保持电动机的清洁，不允许有水滴、油污或灰尘落入电动机内部。

2）电动机起动前应先检查是否有电，电压是否正常；各起动装置有无损坏，触头是否良好；各传动装置的连接是否牢固可靠；电动机转子和负载转轴的转动是否灵活。

3）同一线路上的电动机不应同时起动，应从大到小逐一起动，避免因起动电流过大，电压降低而造成开关设备跳闸。合闸时应先合控制开关，再合操作开关；断闸时，应先断操作开关，再断控制开关，切不可反向操作，更不允许只断操作开关，而不断控制开关。

4）接通电源后若电动机不转，应立即切断电源，切不能迟疑等待，更不能带电检查，否则将可能烧毁电动机或发生危险。电动机运行时出现异常声响、异味，或出现过热、颤动、熔体经常熔断、导线连接处有火花等异常现象时，应立即断电，查找原因。

5）经常查看电动机温度、电压、电源等是否正常，随时了解电动机是否有过热、过载等现象。

6）经常查看电动机的传动装置运转是否正常，带和传动齿轮、联轴器是否跳动；轴承有无磨损，润滑状况是否良好。采用油环润滑时，轴承中的油环是否旋转，油环是否沾油。

各小组填写表2-5所示故障检查维修记录单和表2-6所示项目运行记录单。

表2-5 故障检查维修记录单

项目名称		检修组别	
检修人员		检修日期	
故障现象			
发现的问题分析			
故障原因			
排除故障的方法			
所需工具和设备			
工作负责人签字			

表2-6 项目运行记录单

课程名称	电机与变频器安装和维护		总学时：80学时
项目二	电动卷扬机拖动电动机的选型与运行维护		参考学时：24学时
班级		组长	小组成员
项目运行中出现的问题			
项目运行时的故障点			
调试运行是否正常			
备注			

三、项目验收

项目完成后，应对各组完成情况进行验收和评定，具体验收指标包括：

1）根据电动卷扬机工作要求选择电动机。

2）设计电动卷扬机拖动电动机的起动、调速、制动电路。

3）装配电动卷扬机拖动电动机。

4）电动卷扬机拖动电动机调试电路接线。

5）通电调试电动卷扬机拖动电动机。

6）电动卷扬机拖动电动机的故障检测与处理。

7）安全文明生产。

电动卷扬机拖动电动机的选型与运行维护项目评分标准见表2-7。

表 2-7　项目评分标准

测评内容	配分	评 分 标 准	得分	分项总分
电动机选型	6	正确选择电动机(6分)		
调试电路设计	9	电动机起动电路设计正确(3分)		
		电动机调速电路设计正确(3分)		
		电动机制动电路设计正确(3分)		
电动机装配	40	1. 引线处理正确(5分)		
		2. 绕组捏法正确(5分)		
		3. 理线压线正确(5分)		
		4. 嵌线正确(10分)		
		5. 绕组绝缘无损坏(5分)		
		6. 封槽正确(5分)		
		7. 端部整形符合要求(5分)		
电路连接	10	1. 接线正确(5分)		
		2. 接线符合要求(5分)		
电路调试	15	1. 起动方法正确(5分)		
		2. 调速方法正确(5分)		
		3. 制动方法正确(5分)		
故障检测	10	电动机运行中的故障能正确诊断并排除(10分)		
安全文明操作	10	遵守安全生产规程(10分)		
合计总分				

 【知识拓展】

工业生产中三相异步电动机的小修、中修、大修项目

1. 小修项目

1）电动机吹风清扫，做一般性的检查。

2）更换局部电刷和弹簧，并进行调整。

3）清理集电环，检查和处理局部绝缘的损伤，并进行修补。

4）清洗轴承，进行检查和换油。

5）处理绕组局部绝缘故障，进行绕组绑扎加固和包扎引线绝缘等工作。

6）紧固所有的螺钉。

7）处理松动的槽楔和齿端板。

8）调整风扇、风扇罩，并加固。

2. 中修项目

1）包含全部小修项目内容。

2）对电动机进行清扫和清洗干燥，更换局部线圈和修补加强绕组绝缘。

3）电动机解体检查，处理松动的线圈和槽楔以及各部的紧固零部件。

4）刮研轴瓦，对轴瓦进行局部补焊，更换滑动轴瓦的绝缘垫片。

5）更换磁性槽楔，加强绕组端部绝缘。

6）更换转子绑箍，处理松动的零部件，进行点焊加固。

7）转子做动平衡试验。

8）改进机械零部件结构并进行安装和调试。

9）修理集电环，对铜环进行车削、磨削机械加工。

10）做检查试验和分析试验。

3. 大修项目

1）包含全部中修项目内容。

2）绕组全部重绕更新。

3）铜笼型转子导条全部更新、焊接和试验。

4）铝笼型转子应全部改铜笼型转子或全部更换新铝条。

三相异步电动机的检修周期

三相异步电动机的检修周期见表 2-8。

表 2-8　三相异步电动机的检修周期

类别	适用的电动机	检修周期		
		大修	中修	小修
1 类	J、JD、Y、JB、YSQ、JSQ 等系列及其他类似型号的电动机，连续运行的中小型笼型电动机	7~10 年	2 年	1 年
2 类	JR、JRQ、YR、YRQ 等系列及其他类似型号的电动机，连续运行的中小型绕线转子电动	10~12 年	2 年	1 年
3 类	短期反复运行、频繁起制动的电动机	4~5 年	2 年	0.5 年
4 类	变流机组、原动机、轧钢异步电动机，以及大中型异步电动机	20~25 年	4~5 年	0.5 年

 【工程训练】

某轧钢机参数如下：

配置功率：130/155kW。

轧制线速：1.5~2m/s。

轧制压力：25t。

喂料截面：50m50 方坯

1. 根据轧钢机参数选择三相异步电动机的型号。

2. 绘制所选三相异步电动机的绕组展开图。
3. 绘制所选三相异步电动机的装配流程图。
4. 设计所选三相异步电动机的起动电路。
5. 设计所选三相异步电动机的制动电路。

项目 三

机械手伺服电动机的选型与运行维护

项目名称	机械手伺服电动机的选型与运行维护	参考学时	12 学时
项目导入	本项目完成机械手伺服电动机的选型与运行维护。伺服系统由于具有精度高、响应速度快、效率高，可实现低速大转矩输出等优异性能，在对精度要求高的行业得到越来越广泛的应用，已经普遍应用于数控机床、包装印刷、电子设备、纺织及塑料等行业，并开始在风电、医疗器械、混合动力汽车等新兴行业开始推广 本项目来源于某自动化生产线——模块化加工系统（Modular Production System，MPS），MPS设备是由多个单元组成的生产系统，体现自动化生产线的控制特点，可以模拟一个与实际生产情况十分接近的控制过程。本项目要求根据机械手控制参数选择伺服电动机的型号、功率，正确安装调试伺服电动机，能诊断并排除运行中的故障		
学习目标	1. 知识目标 （1）列出伺服电动机的结构 （2）写出伺服电动机的两种分类 （3）正确陈述伺服电动机的工作原理 （4）列出伺服电动机选型的六个因素 （5）理解伺服电动机的三种制动方式 2. 能力目标 （1）能根据机械手控制要求合理选择伺服电动机型号 （2）能绘制伺服电动机装配流程图 （3）能正确安装伺服电动机 （4）能正确调试伺服电动机 （5）能诊断伺服电动机的故障并列出故障原因 3. 素质目标 （1）具备精益求精的工匠精神 （2）具备安全意识 （3）具备质量意识 （4）具备团结协作、爱岗敬业的职业精神 （5）具有吃苦耐劳的劳动精神		
项目要求	完成机械手伺服电动机的选型与运行维护，项目具体要求如下： 1. 小组独立完成伺服电动机参数的计算及选型 2. 设计伺服电动机调试流程图，小组完成机械手伺服电动机的安装 3. 调试并运行 4. 针对伺服电动机的故障现象，正确使用检修工具和仪表对伺服电动机进行检修和维护		
实施思路	1. 构思：项目的分析与伺服电动机认知，参考学时为3学时 2. 设计：选择机械手伺服电动机的型号，设计其装配流程和调试电路，参考学时为3学时 3. 实现：机械手伺服电动机的安装和调试，参考学时为3学时 4. 运行：机械手伺服电动机的运行和维护，建议参考学时为3学时		

【项目构思】

一、项目分析

本项目来源于某自动化生产线——模块化加工系统（Modular Production System，MPS），MPS 设备是由多个单元组成的生产系统，体现自动化生产线的控制特点，可以模拟一个与实际生产情况十分接近的控制过程。MPS 系统由上料件检测单元、操作手单元、加工单元、安装单元、安装搬运单元、立体存储单元和机械手单元等基本单元组成。机械手是一种能模拟人的手臂的部分动作，按预定的程序轨迹及其他要求，实现抓取、搬运工件或操作工具的自动化装置。

机械手参数：抓重为 5kg，自由度为 4 个，手臂最大中心高度为 1250mm

手臂运动参数：伸缩行程为 1200mm，伸缩速度为 400mm/s，升降行程为 120mm，升降速度为 250mm/s，回转范围为 1800。

本项目按照以下步骤进行：

1）针对机械手参数合理选择伺服电动机的型号。

2）正确安装伺服电动机。

3）正确调试伺服电动机。

4）及时诊断并排除运行中伺服电动机的常见故障。

机械手伺服电动机的选型与运行维护项目工单见表 3-1。

表 3-1　机械手伺服电动机的选型与运行维护项目工单

课程名称	电机与变频器安装和维护		总学时：80
项目三	机械手伺服电动机的选型与运行维护		学时：12
班级		组长	小组成员
项目任务与要求	完成机械手伺服电动机的选型与运行维护，项目具体要求如下： 1. 制订项目工作计划 2. 完成机械手伺服电动机选型 3. 完成机械手伺服电动机的安装 4. 完成机械手伺服电动机电路的调试并运行 5. 针对伺服电动机的故障现象，正确使用检修工具和仪表对伺服电动机进行检修和维护		
相关资料及资源	教材、微课、PPT 课件等		
项目成果	1. 完成机械手伺服电动机选型、安装和调试 2. CDIO 项目报告 3. 评价表		
注意事项	1. 每组在通电试车前一定要经过指导教师的允许才能通电 2. 安装调试完毕后先断电源后断负载 3. 严禁带电操作 4. 安装完毕及时清理工作台，工具归位		

让我们先了解伺服电动机吧！

　　与传统电动机不同，伺服电动机要随时检测、调整状态。电动机每转一圈，发出的测量信息数超过三千万次，这是伺服电动机精准控制方向、位置、速度、电流的核心所在。数控机床是制造所有工业产品最重要的高端加工装备，而伺服电动机则是数控机床的动力心脏。数控机床加工精度越来越高，要求伺服电动机体积更小、功率更大，如何攻关这一难题，制造出功率密度世界领先的数控机床伺服电动机？佛山智能装备技术研究院副院长董明海，从事伺服电动机制造30年，他把伺服电动机的三种核心材料：稀土永磁体、铁心硅钢和线圈铜线，在有限的空间里发挥到极致。他还另辟蹊径，设计了全新的线圈槽口，可以更方便地容纳更多的铜线。电动机铁心结构的一个小小改变，既降低了20%的磁能损耗，又提高了电动机的精度。生产的伺服电动机功率密度达到 3.906MW/m^3，世界领先，我们应该为此感到自豪！

二、机械手伺服电动机的认知

　　伺服电动机又称执行电动机，在控制系统中一般用作执行元件，它是控制电动机的一种。伺服电动机可以把输入的电压信号变换成为电动机轴上的角位移和角速度等机械信号输出。伺服电动机的实物如图 3-1 所示。

交流伺服电动机如何工作的呢？

　　交流伺服驱动系统以交流永磁同步电动机（伺服电动机）为驱动电动机，伺服电动机结构与感应电动机（三相异步电动机）的区别在于其转子布置有高性能的永磁材料，可产生固定的磁场，定子则同样布置有三相绕组，故其运行与直流电动机类似，如图 3-2 所示。

　　在直流电动机中，定子为磁极（一般由励磁绕组产生，为了便于说明，图中以磁极代替），转子上布置有绕组，电动机依靠转子绕组通电后所产生的电磁力转动。直流电动机通过接触式换向器的换向，保证了任意一匝线圈转到同一磁极下的电流方向总是相同，以产生方向不变的电磁力，保证转子的固定方向连续旋转。

图 3-1　伺服电动机实物图

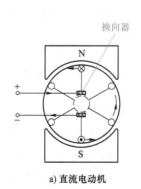

a) 直流电动机

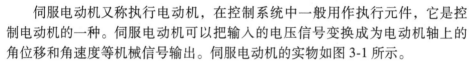

b) 交流伺服电动机

图 3-2　直流电动机与交流伺服电动机的原理比较

交流伺服电动机的结构相当于将直流电动机的定子与转子进行了对调，当定子绕组通电后，通过绕组通电后所产生的反作用电磁力，使得磁极（转子）产生旋转。

交流伺服电动机定子绕组的电流形式如图 3-3a 所示，它直接利用电磁力带动转子旋转，其定子中不存在空间旋转的磁场。

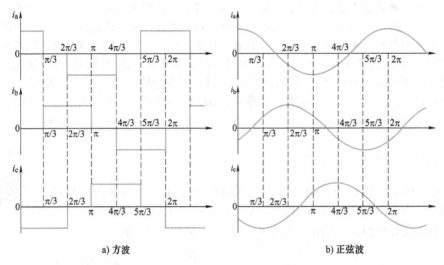

a) 方波

b) 正弦波

图 3-3　交流伺服电动机定子绕组的电流形式

随着微处理器、电力电子器件与矢量控制理论、PWM 变频技术的快速发展，人们借鉴了感应电动机的运行原理，将 BLDCM 中的定子电流由图 3-3a 所示的方波改成了图 3-3b 所示的三相对称正弦波，这样便可以在定子中产生平稳的空间旋转磁场，带动转子同步、平稳旋转。

伺服系统由哪几部分组成呢？

交流伺服系统必须采用闭环控制，根据位置检测装置的不同类型，又有半闭环与全闭环之分。

1. 半闭环伺服系统

半闭环伺服系统的结构如图 3-4 所示，使用的位置检测装置为角位移检测元件（如光电编码器等）。编码器一般直接安装在伺服电动机上，反馈信号可分解为转子位置检测、速度反馈与位置反馈等信号。

半闭环伺服系统实际上只能控制电动机的转角，但由于伺服电动机和丝杠直接或间接相连，故可间接控制直线位移。半闭环伺服系统具有结构简单、设计方便、制造成本低等优点，其电气控制与机械传动有明显的分界，机械部件的间隙、摩擦死区及刚度等非线性环节都在闭环以外，因此，系统调试方便、稳定性好，它是数控机床等设备的常用结构。

2. 全闭环伺服系统

全闭环伺服系统的结构如图 3-5 所示，系统可通过伺服电动机或直线电动机驱动，并需要配备直线位移检测光栅或回转轴角度检测编码器。

全闭环伺服系统可检测控制对象的实际速度与位置，对机械传动系统的全部间隙、磨损进行自动补偿，其定位精度理论上仅取决于检测装置的精度。但这样的系统对机械传动系统的刚度、间隙、导轨的要求甚高，为此，在先进的设备上已经开始采用直线电动机代替伺服电动机，以取消旋转变为直线运动的环节，实现所谓的"零传动"，以获得比伺服电动机驱动系统更高的定位精度、快进速度和加速度。

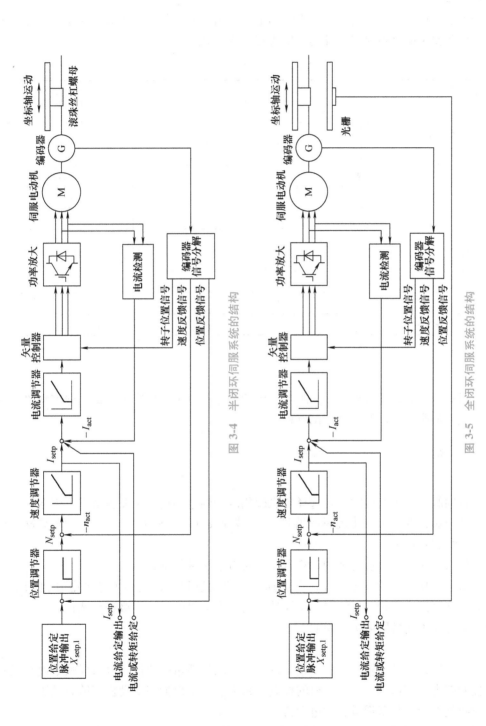

图 3-4　半闭环伺服系统的结构

图 3-5　全闭环伺服系统的结构

想一想

我们了解了伺服电动机后，每个小组的组员在组长的带领下采用头脑风暴法讨论，根据本项目的任务要求制订项目工作计划，填写在表 3-2 中。

表 3-2　项目工作计划单

工 作 计 划 单					
项　目				学时	
班　级					
组　长		组　员			
序号	内容		人员分工		备注
学生确认				日期	

【项目设计】

本项目首先要确定适合机械手伺服电动机的型号，每个小组安装调试伺服电动机，因此需设计机械手伺服电动机的安装调试流程。

一、机械手伺服电动机的选型

（一）伺服电动机的选型原则

在进行伺服电动机选型时，要选择与机械相匹配的电动机，主要包括以下因素：①负载惯量比，②转速，③转矩，④短时间特性（加减速转矩），⑤连续特性（连续实效负载转矩），⑥电动机的保护。

需要注意的是，应通过正确的计算方法，对电动机进行选择。

除了对电动机大小的选择以外，在选择电动机的过程中，还必须考虑电动机的工作环境，例如温度、湿度、粉尘等因素。这样就需要对电动机的防护等级进行选择。

下面就针对上述各因素进行说明。

1. 负载惯量比

负载惯量比是指进给轴的负载惯量与进给轴电动机惯量的比值。该值反映了电动机对于负载的控制能力。该值越小，电动机的控制力越强。要确保伺服电动机能够有效工作，需要为机床选择具有恰当负载惯量比的电动机。

正确设定负载惯量比参数是充分发挥机械及伺服系统最佳效能的前提，此点在要求高速高精度的系统上表现尤为突出，伺服系统参数的调整跟负载惯量比有很大关系，若负载惯量比过大，伺服参数调整越趋边缘化，也越难调整，振动抑制能力也越差，所以控制易变得不稳定；在没有自适应调整的情况下，伺服系统的默认参数在 $1 \sim 3$ 倍负载惯量比下，系统会达到最佳工作状态，这样，就有了负载惯量比的问题，也就是我们一般所说的惯量匹配。如果电动机惯量和负载惯量不匹配，电动机惯量和负载惯量之间动量传递时就会发生较大的冲击，下面分析惯量匹配问题。

$$T_{M} - T_{L} = (J_{M} + J_{L})\alpha \tag{3-1}$$

式中　　T_{M}——电动机所产生的转矩；

　　　　T_{L}——负载转矩；

　　　　J_{M}——电动机转子的转动惯量；

　　　　J_{L}——负载的总转动惯量；

　　　　α——角加速度。

由式（3-1）可知，角加速度 α 影响系统的动态特性，α 越小，则由控制器发出的指令到系统执行完毕的时间越长，系统响应速度就越慢；如果 α 变化，则系统响应就会忽快忽慢，影响机械系统的稳定性。由于电动机选定后最大输出转矩值不变，如果希望 α 的变化小，则 $J_{M} + J_{L}$ 应该尽量小。J_{M} 为伺服电动机转子的转动惯量，伺服电动机选定后，此值就为定值，而 J_{L} 则根据不同的机械系统类型可能是定值，也可能是变值。J_{L} 是变值的机械系统中，我们一般希望 $J_{M} + J_{L}$ 变化量较小，就是指希望 J_{L} 在总的转动惯量中占的比例较小，这就是我们常说的"惯量匹配"。

通过以上分析可知：

1）转动惯量对伺服系统的精度、稳定性、动态响应都有影响。惯量越小，系统的动态特性反应越好；惯量大，系统的机械常数大，响应慢，会使系统的固有频率下降，容易产生谐振，因而限制了伺服带宽，影响了伺服精度和响应速度，也越难控制。惯量的适当增大只有在改善低速爬行时有利，因此，机械设计时在不影响系统刚度的条件下，应尽量减小惯量。

2）机械系统的惯量需和电动机惯量相匹配才行，负载惯量比是一个系统稳定性的问题，与电动机输出转矩无关，是电动机转子和负载之间冲击、松动的问题。不同负载惯量比的电动机可控性和系统动态特性如下：

① 一般情况下，当 $J_{L} \leqslant J_{M}$ 时，电动机的可控性好，系统的动态特性好。

② 当 $J_{M} < J_{L} \leqslant 3J_{M}$ 时，电动机的可控性会稍降低些，系统的动态特性较好。

③ 当 $J_{L} > 3J_{M}$ 时，电动机的可控性会明显下降，系统的动态特性一般。

不同的机械系统，对惯量匹配原则有不同的选择，且有不同的作用表现，但大多要求负载惯量比小于 10，总之，惯量匹配的确定需要根据具体机械系统的需求来确定的。

需要注意的是，不同系列型号的伺服电动机给出的允许负载电动机惯量比是不同的，可能是 3 倍、15 倍、30 倍等，需要根据厂家给定的伺服电动机样本确定。

常见的机械类型驱动方式有滚珠丝杠直接连接驱动、滚珠丝杠减速驱动、齿条和小齿轮驱动、同步传送带驱动、链条驱动、进料辊驱动、主轴驱动等，计算时需要根据具体的机械类型驱动方式来计算负载惯量。式（3-2）为负载发电量的通用计算公式。

$$J_{L} = \sum_{j=1}^{M} J_{j}\left(\frac{\omega_{j}}{\omega}\right)^{2} + \sum_{j=1}^{N} m_{j}\left(\frac{V_{j}}{\omega}\right)^{2} \tag{3-2}$$

式中　J_j——各转动件的转动惯量（kg·m²）；

　　　ω_j——各转动件角速度（rad/min）；

　　　m_j——各移动件的质量（kg）；

　　　V_j——各移动件的速度（m/min）；

　　　ω——伺服电动机的角速度（rad/min）。

2. 转速

电动机的选择首先应依据机械系统的快速行程速度来计算，快速行程的电动机转速应严格控制在电动机的额定转速之内，并应在接近电动机的额定转速的范围使用，以有效利用伺服电动机的功率。额定转速、最大转速、允许瞬间转速之间的关系为：允许瞬间转速>最大转速>额定转速。伺服电动机工作在最低转速和额定转速之间时为恒转矩调速，工作在额定转速和最大转速之间时为恒功率调速。在运行过程中，恒转矩范围内的转矩由负载的转矩决定；恒功率范围内的功率由负载的功率决定；恒功率调速是指电动机低速时输出转矩大，高速时输出转矩小，即输出功率是恒定的；恒转矩调速是指电动机高速、低速时输出转矩一样大，即高速时输出功率大，低速时输出功率小。

3. 转矩

伺服电动机的额定转矩必须满足实际需要，但是不需要留有过多的余量，因为一般情况下，其最大转矩为额定转矩的3倍。需要注意的是，连续工作的负载转矩≤伺服电动机的额定转矩，机械系统所需要的最大转矩<伺服电动机输出的最大转矩。在进行机械方面的校核时，可能还要考虑负载的机械特性类型，负载的机械特性类型一般有恒转矩负载、恒功率负载、二次方律负载、直线律负载和混合型负载。

4. 短时间特性（加减速转矩）

伺服电动机除连续运转区域外，还有短时间内的运转特性，如电动机加减速，用最大转矩表示；即使容量相同，最大转矩也会因各电动机而有所不同。最大转矩影响驱动电动机的加减速时间常数，使用式（3-3）估算线性加减速时间常数 t_a，根据该公式确定所需的电动机最大转矩，选定电动机容量。

$$t_a = \frac{(J_L + J_M)n}{95.5 \times (0.8T_{max} - T_L)} \tag{3-3}$$

式中　n——电动机设定速度（r/min）；

　　　J_L——电动机轴换算负载惯量（kg·cm²）；

　　　J_M——电动机惯量（kg·cm²）；

　　　T_{max}——电动机最大转矩（N·m）；

　　　T_L——电动机轴换算负载（摩擦、非平衡）转矩（N·m）。

5. 连续特性（连续实效负载转矩）

对要求频繁起动、制动的数控机床，为避免电动机过热，必须检查它在一个周期内电动机转矩的方均根值，并使它小于电动机连续额定转矩，其具体计算可参考其他文献。在选择的过程中，要计算一个周期内电动机转矩的方均根值，并使它小于电动机连续额定转矩，如果条件不满足则应采取适当的措施，如变更电动机系列或提高电动机容量等。

6. 电动机的保护

电动机的保护主要是指在使用电动机过程中，需要注意电动机工作的环境，包括温度、湿度、粉尘等因素。正确使用电动机，会延长电动机的使用寿命，同时还可大大减低电动机的故障发生概率。

1）工作温度：0~40℃。工作温度即电动机工作的车间或者室内的温度。若温度超过40℃，则应通过外界降温的方法使温度处于正常的工作范围内。

本书中关于电动机的所有数据（功率、转矩等）均是在工作温度为20℃时测量的数据。

2）湿度：≤80%RH。

3）振动：安装在机床上的电动机，其可以承受的最大振动为5g。

4）防护等级：防护等级数据在使用电动机的过程中会发生变化的。因此，在使用中，需要注意如下事项：

① 保护电动机不要处于切削液或者切削油之下。

② 要避免切削油或者切削液沿电动机的动力线流入电动机接头部分。

注意：在极端恶劣的工作环境中，为了避免电动机受到更大的侵蚀而损坏电动机，务必做好电动机的防护工作。一些特殊机床，如齿轮加工机、磨床等，若不能很好地保护电动机，则应选择更高防护等级的电动机，例如IP67（IEC标准）等级的伺服电动机。

（二）伺服电动机选型时的注意事项

1. 伺服电动机常用的几种制动方式

人们容易对电磁制动、再生制动、动态制动的作用混淆，以下对这几个概念加以区分。

电磁制动是通过机械装置锁住电动机的轴。

再生制动是指伺服电动机在减速或停车时将制动产生的能量通过逆变回路反馈到直流母线，经阻容回路吸收。

动态制动器由动态制动电阻组成，在故障、急停、电源断电时通过能耗制动缩短伺服电动机的机械进给距离。

三者的区别如下：

1）再生制动必须在伺服器正常工作时才起作用，在故障、急停、电源断电时等情况下无法制动电动机。动态制动和电磁制动工作时不需要电源。

2）再生制动的工作是系统自动进行，而动态制动和电磁制动的工作需外部继电器控制。

3）电磁制动一般在SV OFF后起动，否则可能造成放大器过载，动态制动器一般在SV OFF或主回路断电后起动，否则可能造成动态制动电阻过热。

4）动态制动和再生制动都是靠伺服电动机内部的励磁完成的，也就是向旋转方向相反的方向增加电流来实现。

5）电磁制动，也就是常说的抱闸，是靠外围的直流电源控制，常闭，得电后抱闸打开，失电即闭合，属于纯机械摩擦制动。

选择配件的注意事项如下：

1）有些系统，如传送装置、升降装置等要求伺服电动机能尽快停车，而在故障、急停、电源断电时伺服器没有再生制动，无法对电动机减速。同时系统的机械惯量又较大，这时对动态制动器的选择，要考虑负载的轻重、电动机的工作速度等因素。

2）有些系统要维持机械装置的静止位置，需电动机提供较大的输出转矩，且停止的时间较长。如果使用伺服的自锁功能，往往会造成电动机过热或放大器过载，这种情况就要选择带电磁制动的电动机。

3）有的伺服驱动器有内置的再生制动单元，但当再生制动较频繁时，可能引起直流母线电压过高，这时需另配再生制动电阻。再生制动电阻是否需要另配，配多大，可参照相应样本的使用说明。

4）如果选择了带电磁制动器的伺服电动机，电动机的转动惯量会增大，计算转矩时要进行考虑。

2. 速度/位置检测器

交流伺服电动机的控制精度由电动机轴后端的旋转编码器来保证，用其来测量电动机的工作速度或转过位置量。

常用的旋转编码器是增量式的，其编码器码盘是由很多光栅刻线组成的，有两个（或4个）光眼读取 A、B 信号，刻线的密度决定了这个增量型编码器的分辨率，也就是可以分辨读取的最小变化角度值。代表增量编码器的分辨率的参数是 PPR，也就是每转脉冲数。有些增量编码器，其原始刻线是 2048 线（2^{11}，11 位），通过 16 倍（4 位）细分，得到 15 位 PPR，再次 4 倍频（2 位），得到了 17 位（bit）的分辨率，一般用位（bit）来表达分辨率。这种编码器在较快速度时，内部要用未细分的低位信号来处理输出，否则响应跟不上，所以不要被它 17 位迷惑，在设计选择伺服电动机时要注意。

3. 再生制动频率

再生制动频率表示无负载时，电动机从额定速度到减速停止的可允许频率。

需要注意的是，一般样本列表上的制动次数是电动机在空载时的数据。实际选型中，要先根据系统的负载惯量和样本上的电动机惯量，算出负载惯量比，再以样本列表上的制动次数除以（负载惯量比+1），这样得到的数据才是允许的制动次数。

4. 伺服电动机轴上的径向和轴向负载

确保在安装和运转时加到伺服电动机轴上的径向和轴向负载在每种型号的规定值以内，否则会加速伺服电动机的磨损，降低电动机的寿命，甚至影响所要求达到的精度。

5. 输出轴的公差配合

要注意电动机轴伸与其他零部件的配合关系。普通旋转电动机圆柱形轴伸（GB/T 756—2010）的直径公差带见表 3-3，轴伸与其他零部件一般为间隙配合，而伺服电动机的轴伸公差带一般为 h6。

表 3-3　普通旋转电动机圆柱形轴伸直径公差带

普通旋转电动机圆柱形轴伸直径/mm	公差带
6~30	j6
32~50	k6
55~400	m6

做一做

了解了伺服电动机的选型原则和选型方法后，每个小组根据查得的资料完成机械手伺服电动机的选型。

机械手伺服电动机型号：_____
伺服电动机参数：_____
计算过程：

二、设计机械手伺服电动机的安装调试流程

 设计机械手伺服电动机的安装调试流程图。

机械手伺服电动机安装调试流程图：

 【项目实现】

按照工艺流程和安全操作规程进行伺服电动机的安装，并按照调试电路完成接线，填写好项目实现工作记录单。

一、机械手伺服电动机的安装

（一）伺服电动机的安装

1）转动输入轴接口，将输入轴接口安装螺栓头对准法兰上部的安装用扳手孔。

2）在输入轴接口凹形座部位及伺服电动机输出轴上涂上润滑剂（二硫化钼等）。

3）将伺服电动机插入减速器中。

4）用法兰安装螺栓将伺服电动机与减速器的法兰连接起来。

5）以规定的转矩力安装输入轴接口安装螺栓。

6）在输入轴接头紧固用扳手孔安装附属的橡胶端盖（AGC、AFC）或者端盖螺钉（AG3、AH2、AF3）。AGC、AFC输入轴接口安装螺栓的紧固转矩力见表3-4，AG3、AH2、AF3输入轴接口安装螺栓的紧固转矩力见表3-5。伺服电动机输入轴接口安装螺栓示意图如图3-6所示。

表 3-4 AGC、AFC 输入轴接口安装螺栓的紧固转矩力

等效容量/W	100	200	400	1000	750	2000	3000
紧固转矩力/N	5.1	5.1	5.1	9	29.4	29.4	29.4
安装螺栓尺寸	M4	M4	M4	M5	M8	M8	M8

表 3-5 AG3、AH2、AF3 输入轴接口安装螺栓的紧固转矩力

等效容量/W	100	200	400	750	1000	2000
紧固转矩力/N	8.33	8.33	8.33	12.74	29.4	29.4
安装螺栓尺寸	M5	M5	M5	M6	M8	M8

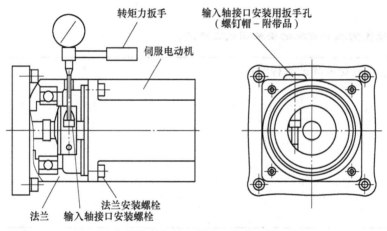

图 3-6 伺服电动机输入轴接口安装螺栓示意图

7）AGC/AFC、AF3 的法兰安装方法：在 AGC/AFC 以及 AF3S/AF3F 的相应法兰面直接安装时，如若偏心则会导致过负载、轴承破损等，所以请务必实定芯。具有如图 3-7 所示的凹形安装座（图为空心轴型号）。凹形安装座 ϕA 的尺寸公差为 h7 级。应使用 4 个安装螺栓进行安装，如图 3-7 所示。

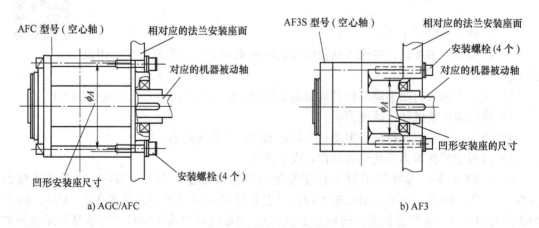

a) AGC/AFC

b) AF3

图 3-7 法兰的安装示意图

（二）伺服电动机的安装注意事项

1. 安装环境

伺服电动机的安装条件见表 3-6。

表 3-6 伺服电动机的安装条件

周围温度	0~40℃
周围湿度	<85%
高度	<1000m
环境	应无腐蚀性气体、易爆气体、蒸汽等，无灰尘，通风良好
安装场所	室内

应注意，表面温度（A 部位）保持在 90℃ 以下。超过 90℃ 时，请用风扇或冷却槽进行冷却，使其保持在 90℃ 以下。温度测定示意图如图 3-8 所示。

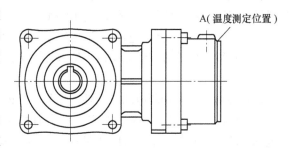

图 3-8 温度测定示意图

2. 安装方法

用 4 个螺栓固定无振动机械加工过的平面。若固定不好，安装面无平面会导致运转中产生振动，则可能缩短减速器的使用寿命。应将安装面的平面度保持在 0.1mm 以下。

全机型均使用润滑脂润滑方式，因此对安装方向无任何限制。

3. 安装注意

不要直接将伺服电动机连接在工业电源上，否则会损坏伺服电动机，如图 3-9 所示。

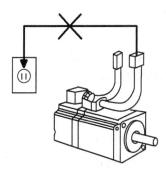

图 3-9 伺服电动机安装错误示意图

4. 与配套机械的连接

伺服电动机与配套机械连接的注意事项如下：

1）安装于减速器轴上的联轴器、链轮、滑轮、齿轮等的配合建议使用 h7。

2）直接连接时，请确保减速器轴与配套轴的轴心一致，能够正确定芯。

3）链齿、齿扣的场合，应将齿轮箱与配套轴正确地保持平行，并将连接二者轴中心的线沿与轴成直角方向进行安装。

4）在输出轴上安装联轴器或配套机器时，应注意不要用锤子等进行重冲击，否则轴承产生裂纹、噪声或振动等则会造成其破损（若锤子直接敲打轴端，伺服电动机轴另一端的编码器会被敲坏）。伺服电动机轴安装提醒示意图如图 3-10 所示。

5）竭力使轴端对齐到最佳状态（若对不齐，可能导致振动或轴承损坏）。

图 3-10 伺服电动机轴安装提醒示意图

二、机械手伺服电动机的接线

1. 初始化参数

在接线之前，先初始化参数。在伺服电动机上，设置控制方式；设置使能由外部控制；设置编码器信号输出的齿轮比；设置控制信号与电动机转速的比例关系。一般来说，建议使伺服工作中的最大设计转速对应9V的控制电压。

2. 接线

将控制卡断电，连接控制卡与伺服电动机之间的信号线。以下的线是必须接的：控制卡的模拟量输出线、使能信号线、伺服输出的编码器信号线。复查接线没有错误后，电动机和控制卡（以及PC）上电。此时电动机应该不动，而且可以用外力轻松转动，否则应检查使能信号的设置与接线。用外力转动电动机，检查控制卡是否可以正确检测到电动机位置的变化。

3. 试方向

通过控制卡打开伺服电动机的使能信号，这时伺服电动机应该以一个较低的速度转动，这就是传说中的"零漂"。一般控制卡上都会有抑制零漂的指令或参数，使用这个指令或参数，看电动机的转速和方向是否可以通过这个指令（参数）控制。如果不能控制，则检查模拟量接线及控制方式的参数设置。确认给出正数，电动机正转，编码器计数增加；给出负数，电动机反转，编码器计数减小。如果电动机带有负载，行程有限，则不要采用这种方式。测试时不要给过大的电压，建议在1V以下。如果方向不一致，则可以修改控制卡或电动机上的参数，使其一致。

4. 抑制零漂

使用控制卡或伺服电动机上抑制零漂的参数，仔细调整，使电动机的转速趋近于零。在闭环控制过程中，零漂的存在会对控制效果有一定的影响，最好将其抑制住。由于零漂本身也有一定的随机性，所以，不必要求电动机转速绝对为零。

5. 建立闭环控制

再次通过控制卡将伺服电动机的使能信号放开，在控制卡上输入一个较小的比例增益（该值可根据经验输入，若实际经验不足，可以输入控制卡能允许的最小值），将控制卡和伺服的使能信号打开。这时，电动机应该已经能够按照运动指令大致做出动作了。

6. 调整闭环参数

细调控制参数，确保电动机按照控制卡的指令运动。

7. 伺服电动机的使用注意事项

（1）伺服电动机电缆减轻应力

1）确保电缆不因外部弯曲力或自身重量而受到力矩或垂直负荷，尤其是在电缆出口处或连接处。

2）在伺服电动机移动的情况下，应把电缆（随电动机配置的）牢固地固定到一个静止的部分（相对电动机），并且应当用一个装在电缆支座里的附加电缆来延长它，这样弯曲应力可以减到最小。

3）电缆的弯曲半径尽可能大。

（2）伺服电动机允许的轴端负载　伺服电动机连接的轴端负载如图3-11所示。

1）确保在安装和运转时，加到伺服电动机轴上的径向负载和轴向负载控制在每种型号的规定值以内。

2）在安装一个刚性联轴器时要格外小心，特别是过度的弯曲负载可能导致轴端和轴承的损坏或磨损。

3）最好使用柔性联轴器，以便使径向负载低于允许值。柔性联轴器是专为高机械强度的伺服电动机设计的。

4）关于允许轴负载，请参阅使用说明书相应的"允许的轴负荷表"。

（3）电动机的保护

1）伺服电动机可以用于受水或油滴侵袭的场所，但是它不是全防水防油的，不应当放置或使用在水中或油浸的环境中。

图 3-11 伺服电动机轴端负载

2）伺服电动机的电缆不要浸没在油或水中。

3）如果伺服电动机连接到一个减速齿轮，使用伺服电动机时应当加油封，以防止减速齿轮的油进入伺服电动机。

（4）使用注意

1）不能在有腐蚀性气体、易潮、易燃、易爆的环境中使用伺服电动机，以免引发火灾。

2）不能损伤电缆或对其施加过度压力、放置重物和挤压，否则可能导致触电，损坏电动机。

3）不要将手放入驱动器内部，以免灼伤手和导致触电。

4）不要在伺服电动机运行过程中，用手去触摸电动机旋转部位，以免烫伤手。

5）不能将控制器设置在电炉或大型线圈电阻器等发热体附近，以免引发火灾或导致故障发生。

6）必须设置过电流保护器、剩余电流断路器、过热保护器、紧急制动器，以免触电、受伤和引发火灾。

7）切断电源，确认无触电危险之后，方可进行电动机的移动、配线、检查等操作，以免检查人员触电。

8）应将电动机固定，并在机械系统的状态下进行试运转的动作确认，之后再连接机械系统，以免人员受伤。

各小组填写表 3-7 所示的项目实现工作记录单。

表 3-7　项目实现工作记录单

课程名称	电机与变频器安装和维护		总学时:80 学时
项目三	机械手伺服电动机的选型与运行维护		参考学时:12 学时
班级		组长	小组成员
项目工作情况			
项目实现遇到的问题			
相关资料及资源			
工具及仪表			

【项目运行】

遵守安全操作规程，按照系统调试方案进行伺服电动机的调试与运行，分析在调试运行中出现问题的原因，直到伺服电动机调试运行成功。

一、机械手伺服电动机的调试

（一）驱动器主回路连接

1）主电源输入切不可错误地连接到电动机输出端上。

2）当驱动器使用直流电抗器时，应断开直流母线短接端，将电抗器串联到直流母线上；如不使用，则必须保留直流母线短接端。

3）对于使用内置式制动电阻的驱动器，必须保留外部制动电阻短接端；使用外部制动电阻，则应断开短接端，连接外部制动电阻。

4）驱动器存在高频剩余电流，进线侧如安装驱动器专用剩余电流断路器，感应电流应大于 30mA；如果采用普通工业用剩余电流断路器，感应电流应大于 200mA。

5）驱动器与电动机之间安装了接触器时（不推荐使用），接触器的 ON/OFF 必须在驱动器停止时进行。

（二）主接触器的安装

为了对驱动器的主电源进行控制，需要在主回路上安装主接触器，主回路的频繁通/断将产生浪涌冲击，影响驱动器的使用寿命，因此，主接触器不能用于驱动器正常工作时的电动机起动/停止控制，通断频率原则上不能超过 30min 一次。应将驱动器的故障输出触点串联到主接触器的控制电路中，以防止驱动器故障时的主电源加入。当多台驱动器的输入电源需要同一主接触器控制通/断时，必须将各驱动器的故障输出触点串联后控制主接触器。

当驱动器配有外接制动单元或制动电阻时，电动机制动所引起的电阻发热无法通过驱动器监视，为防止引发事故，必须用过热触点断开主接触器。

（三）滤波器连接

伺服驱动器由于采用了 PWM 调制方式，部分电流、电压中的高次谐波已在射频范围，可能引起其他电磁敏感设备的误动作，为此，需要通过电磁滤波器来消除这些干扰。零相电抗器与输入滤波器为驱动器常用的电磁干扰抑制装置。

（1）零相电抗器　10MHz 以下频段的电磁干扰一般可用零相电抗器消除，可以抑制共模干扰零相电抗器可用于电源输入侧或电动机输出侧。

（2）输入滤波器　输入滤波器用来抑制电源的高次谐波，滤波器连接时，只要将电源进线与对应的连接端一一连接即可。滤波器宜选用驱动器生产厂配套的产品，市售的 LC、RC 型滤波器可能会产生过热与损坏，既不可以在驱动器上使用，也不能在连接有驱动器的电源上使用（如无法避免，应在驱动器的输入侧增加交流电抗器）。

必须保证驱动器与电动机连接端的一一对应，决不可改变电动机绕组的相序。

（四）驱动器试运行

1. 试运行

为了检查驱动器、电动机、编码器的基本情况，确认其无故障，在驱动器实际使用前，可先单独接通控制电源与主电源，进行点动运行、程序运行、回参考点运行试验。

2. 点动运行

进行点动运行前，需要正确连接与检查如下硬件与线路。

1）驱动器的主电源与控制电源：确保输入电压正确，连接无误；为了简化线路，主电源与控制电源可直接用独立的断路器进行通/断控制。

2）电枢与编码器：确保电动机绕组标号 U、V、W 与驱动器的输出 U、V、W 一一对应，编码器连接无误。

3）安装与固定：可靠固定电动机，并对电动机旋转轴进行必要的防护。

4）制动器：对于带内置制动器的电动机，在点动前必须先加入制动器电源，并检查电动机轴已经完全自由。

3. 程序运行

程序运行后，驱动器可按照参数设定的速度与时间自动进行循环运行。

4. 回参考点运行

回参考点运行目的是检查编码器零脉冲是否正常，并确认驱动器的回参考点功能。回参考点完成后，电动机自动停止。为了验证回参考点动作的正确性，可以在电动机轴上做一标记，保证每次回参考点后的停止位置保持不变。

（五）驱动器的快速调试

为加快调试进度，可以直接实施速度控制快速调试操作。

驱动器快速调试属于现场调试，快速调试前驱动器与电动机应已经进行了点动与回参考点运行，同时，应确认驱动系统的安装、连接已经完成，设备的机械部件已全部可正常工作。一般而言，通过驱动器的快速调试，驱动系统便能够正常运行，其他特殊功能的调试则可在此基础上进行。

二、机械手伺服电动机的检测和维护

（一）伺服电动机的检测

1. 电动机试运行前的检测

1）检查伺服电动机，确保没有外部损伤。

2）检查伺服电动机固定部件，确保连接紧固。

3）检查伺服电动机轴，确保旋转流畅（带油封伺服电动机轴偏紧是正常状态）。

4）检查伺服电动机编码器连接器以及电源连接器，确保接线正确并且连接紧固。

5）检查安装环境是否良好，散热条件、灰尘、油污及水等其他因素对电动机是否有影响。

2. 试运行检测

1）空载点动试运行，确保电动机运行正常，无异声及其他不良现象。

2）负载运行前，确保机械连接可靠（使用带制动器伺服电动机时，在确认制动器动作前，应预先实施防止机械自然掉落或因外力引起的谐振等措施），并确认伺服电动机的动作和制动器动作正常工作。

3）确认伺服电动机的运行是否满足机械的动作规格。

4）确保为防止操作中发生异常，紧急停止装置是否正确有效。

注意：误操作不但可能会损坏机械装置，而且还会导致人身伤害事故！

3. 电动机运行的检测

1）检查运行方向是否正确。

2）检查控制是否恰当。

3）检查电动机运行时是否有异声、抖动等不良现象。

4）用驱动器监测电压、电流、反电动势等是否正常。

5）检查电动机运行温升是否正常。

（二）伺服电动机常见故障的判断和维修方法

1. 电动机不起动

可能原因如下：

1）电源未接通。

2）电动机内部卡死。

3）编码器信号线未接通。

4）过载堵转。

5）选型不对。

6）驱动器设置不正确。

7）驱动器故障。

2. 电动机带不动负载（通常报 ER620，电动机过载）

可能原因如下：

1）所带负载超载。

2）驱动器各项参数（如 H0a 04 06 电动机过载保护增益及电流降低额定值等其他参数）不合理。

3）U、V、W 输出接错或断相。

4）内部线圈有烧毁。

5）电动机空载在额定转速下，反电动势不正常。

3. 电动机发生异响

可能原因如下：

1）机械安装不良：电动机螺钉松动、联轴器轴心未对准、联轴器失去平衡。

2）轴承内异响：检查轴承附近声音和振动状况。

3）信号干扰：输入信号线规格不符合（芯 0.12 的双绞屏蔽线），输入信号线长度不符合（3m，阻抗 100Ω 以下），编码器信号受到干扰，规格不对（芯 0.12 的双绞屏蔽线）；长度不符合（20m 以下）；线路损坏，编码器受到过大振动和冲击，编码器故障（如掉信号，对地短路、开路等）接地状况（连接设备地线，以免信号线分流）。

4）电磁方面：电动机过载运行、三相电流不平衡、断相。

4. 电动机过热

可能原因如下：

1）环境温度过高。

2）表面不干净。

3）电动机过载。

4）电动机断相。

5）电源谐波过大。

6）风扇不转。

7）低速长时间运行。

8）外部散热空间不够。

5. 电动机产生轴电流的原因

电动机的轴-轴承座-底座回路中的电流称为轴电流，产生原因如下：

1）磁场不对称。

2）供电电流中有谐波。

3）制造、安装不好，转子偏心造成气隙不匀。

4）可拆式定子铁心两个半圆间有缝隙。

5）有扇形叠成的定子铁心的拼片数目选择不合适。

轴电流危害：使电动机轴承表面或滚珠受到侵蚀，形成点状微孔，使轴承运转性能恶化，摩擦损耗和发热增加，最终造成轴承烧毁。

预防轴电流的措施如下：

1）消除脉动磁通和电源谐波（如在驱动器输出侧加装交流电抗器）。

2）电动机设计时，将滑动轴承的轴承座和底座绝缘，滚动轴承的外圈和端盖绝缘。

各小组填写表3-8所示故障检查维修记录单和表3-9所示项目运行记录单。

表3-8　故障检查维修记录单

项目名称		检修组别	
检修人员		检修日期	
故障现象			
发现的问题分析			
故障原因			
排除故障的方法			
所需工具和设备			
工作负责人签字			

表 3-9　项目运行记录单

课程名称	电机与变频器安装和维护		总学时:80 学时
项目三	机械手伺服电动机的选型与运行维护		参考学时:12 学时
班级		组长	小组成员
项目运行中出现的问题			
项目运行时的故障点			
调试运行是否正常			
备注			

三、项目验收

项目完成后，应对各组完成情况进行验收和评定，具体验收指标包括:

1) 根据机械手工作要求选择伺服电动机。
2) 设计机械手伺服电动机调试流程。
3) 安装机械手伺服电动机。
4) 机械手伺服电动机调试电路接线。
5) 通电调试机械手伺服电动机。
6) 机械手伺服电动机故障检测与处理。
7) 安全文明生产。

机械手伺服电动机的选型与运行项目评分标准见表 3-10。

表 3-10　项目评分标准

测评内容	配分	评分标准	得分	分项总分
伺服电动机的选型	10	正确选择伺服电动机(10 分)		
伺服电动机安装	10	安装步骤正确(10 分)		
伺服电动机起动	30	1. 参数设置正确(15 分)		
		2. 正常起动(15 分)		
伺服电动机运行	30	1. 点动运行正确 (15 分)		
		2. 程序运行正确(15 分)		
伺服电动机的故障诊断与处理	10	1. 故障点判断正确(5 分)		
		2. 处理方法正确(5 分)		
安全文明操作	10	遵守安全生产规程(10 分)		
合计总分				

【工程训练】

某数控车床参数如下：

最大车削直径：400mm。

最大工件高度：750mm。

主轴转速范围：90-450-1800，无极变速。

刀库容量：4。

主轴内孔直径：52mm。

X 轴进给范围：3000mm/min。

Z 轴进给范围：6000mm/min。

X 轴行程：300mm。

Z 轴行程：680mm。

1. 根据数控车床参数选择伺服电动机。

2. 绘制所选伺服电动机的安装流程图。

项目 四

变频恒压供水系统的运行维护

项目名称	变频恒压供水系统的运行维护	参考学时	24 学时
项目导入	本项目完成变频恒压供水系统的运行，项目来源于哈尔滨某自动化设备有限公司，该公司的变频恒压供水设备主要用于高楼等建筑的消防及生活供水。变频技术通过技术手段，来改变用电设备的供电频率。普通三相异步电动机加装变频后可以实现调速功能，即任意地改变电动机的转速，进而达到控制设备输出功率的目的。因此，采用变频技术对电动机运行速度进行调整，达到节能的目的。目前，风机、水泵类的电动机控制系统都配装了变频起动系统，变频器在空调、电梯、冶金、机械、电子、石化、造纸、纺织等行业有十分广阔的应用空间。本项目要求根据供水要求选择变频器，结合变频器的功能参数表预置水泵电动机控制变频器相关的参数，最后进行电路的安装、接线及调试运行，并能对出现的故障进行诊断和处理		
学习目标	1. 知识目标 （1）写出变频器主电路的三个组成部分 （2）写出变频器的五种分类方法 （3）列出变频器的两种重要控制方式 （4）写出变频器的七种频率参数 2. 能力目标 （1）能根据恒压供水系统参数要求合理选择变频器的型号 （2）能选择变频器的加减速模式 （3）能设计变频和工频运行的外接主电路 （4）能选择变频器运行模式 （5）能预置变频器参数 3. 素质目标 （1）具备精益求精的工匠精神 （2）具备安全意识 （3）具备质量意识 （4）具备团结协作、爱岗敬业的职业精神 （5）具有吃苦耐劳的劳动精神		
项目要求	完成变频恒压供水系统的运行与调试，项目具体要求如下： 1. 小组独立完成变频恒压供水系统中水泵电动机控制变频器的参数设置及输入端子的操作控制 2. 绘制工艺流程图，小组独立完成变频恒压供水系统中水泵电动机的起动 3. 调试并运行 4. 针对变频器出现的故障现象，正确使用检修工具和仪表对变频器进行检修和维护		
实施思路	1. 构思：项目的分析与变频器认知，参考学时为 8 学时 2. 设计：设计恒压供水系统变频器主电路和控制电路，参考学时为 6 学时 3. 实现：变频器的安装和参数预置，参考学时为 6 学时 4. 运行：变频器的运行和维护，参考学时为 4 学时		

【项目构思】

一、项目分析

变频恒压供水设备是一种新型的节能供水设备。变频恒压供水设备以水泵出水端水压（或用户用水流量）为设定参数，通过微机自动控制变频器的输出频率从而调节水泵电动机的转速，实现用户管网水压的闭环调节，使供水系统自动恒稳于设定的压力值：即用水量增加时，频率提高，水泵转速加快；用水量减少时，频率降低，水泵转速减慢。这样就保证了整个用户管网随时都有充足的水压（与用户设定的压力一致）和水量（随用户的用水情况变化而变化）。图 4-1 所示为利用 PLC 和变频器控制的生活消防双恒压供水系统图。

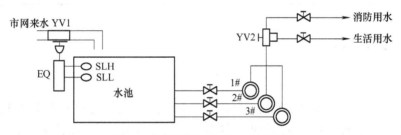

图 4-1　生活消防双恒压供水系统图

本项目水泵供水扬程为 300m，流量范围为 $0\sim2000\mathrm{m}^3/\mathrm{h}$，压力范围为 $0\sim2.5\mathrm{MPa}$，环境温度为 $-5\sim40℃$，环境湿度 $<60\%$。

根据供水参数要求选择变频器，结合变频器的功能参数表预置水泵电动机控制变频器相关的参数，最后进行电路的安装、接线及调试运行，并能对出现的故障进行诊断和处理。

本项目按照以下步骤进行：

1) 根据水泵供水参数选择变频器型号、容量。

2) 设计变频器外接主电路。

3) 正确安装变频器。

4) 结合变频器的功能参数表预置水泵电动机控制变频器相关的参数。

5) 对变频器运行中出现的故障进行诊断和处理。

变频恒压供水系统的运行维护项目工单见表 4-1。

表 4-1　变频恒压供水系统运行维护项目工单

课程名称	电机与变频器安装和维护		总学时:80 学时
项目四	变频恒压供水系统的运行维护		学时:24 学时
班级	组长	小组成员	
项目任务与要求	完成变频恒压供水系统运行维护,项目具体要求如下: 1. 制订项目工作计划 2. 完成变频器的安装 3. 完成变频器的调试 4. 完成变频器的运行 5. 针对变频器的故障现象,正确使用检修工具和仪表对变频器进行检修和维护		

（续）

相关资料及资源	教材、安全操作规程、视频、微课、PPT 课件等
项目成果	1. 完成变频恒压供水系统变频器安装和调试 2. CDIO 项目报告 3. 评价表
注意事项	1. 每组在通电试车前一定要经过指导教师的允许才能通电 2. 安装调试完毕后先断电源后断负载 3. 严禁带电操作 4. 安装完毕及时清理工作台,工具归位

 让我们先了解变频器吧!

二、变频器的认知

变频器是一种静止的频率变换器,可将电网电源的 50Hz 交流电变成频率可调的交流电,作为电动机的电源装置。变频器的问世,使电气传动领域发生了一场技术革命,即交流调速取代直流调速。交流电动机变频调速技术具有节能、改善工艺流程、提高产品质量和劳动生产率、便于自动控制等诸多优势,被国内外公认为最有发展前途的调速方式。

 变频器是如何分类的呢?

1. 按变频的原理分类

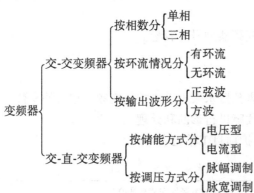

（1）交-交变频器 它是将频率固定的交流电源直接变换成频率连续可调的交流电源,其主要优点是没有中间环节,变换效率高。但其连续可调的频率范围较窄,一般在额定频率的 1/2 以下（$0<f<f_N/2$）,故主要用于容量较大的低速拖动系统中。

（2）交-直-交变频器 它是先将频率固定的交流电整流后变成直流,再经过逆变电路,把直流电逆变成频率连续可调的三相交流电。由于把直流电逆变成交流电较易控制,因此在频率的调节范围以及变频后电动机特性的改善等方面,都具有明显的优势。目前使用最多的变频器均属于交-直-交变频器。

2. 按直流环节的储能方式分类

（1）电压型变频器　直流环节的储能元件是电容，即整流后是靠电容来滤波，这种交-直-交变频器称作电压型变频器，而现在使用的变频器大部分为电压型。

（2）电流型变频器　直流环节的储能元件是电感线圈，即整流后是靠电感来滤波，这种交-直-交变频器称作电流型变频器。

3. 按工作原理分类

（1）U/f 控制变频器　U/f 控制的基本特点是对变频器输出的电压和频率同时进行控制，通过使 U/f 的值（电压和频率的比）保持一定而得到所需的转矩特性。采用 U/f 控制的变频器控制电路结构简单、成本低，多用于对精度要求不高的通用变频器。

（2）转差频率控制变频器（又称 SF 控制变频器）　转差频率控制方式是对 U/f 控制的一种改进，这种控制需要由安装在电动机上的速度传感器检测出电动机的转速，构成速度闭环，速度调节器的输出为转差频率，而变频器的输出频率则由电动机的实际转速与所需转差频率之和决定。由于通过控制转差频率来控制转矩和电流，与 U/f 控制相比，其加减速特性和限制过电流的能力得到提高。

（3）矢量控制变频器（又称 VC 控制变频器）　矢量控制是一种高性能异步电动机控制方式，它的基本原理是：将异步电动机的定子电流分为产生磁场的电流分量（励磁电流）和与其垂直的产生转矩的电流分量（转矩电流），并分别加以控制。由于在这种控制方式中必须同时控制异步电动机定子电流的幅值和相位，即定子电流的矢量，因此该控制方式被称为矢量控制方式。

（4）直接转矩控制变频器（又称 DTC 控制变频器）　直接转矩控制是继矢量控制变频调速技术之后的一种新型的交流变频调速技术。它是利用空间电压矢量 PWM（SVPWM）通过磁链、转矩的直接控制，确定逆变器的开关状态来实现的。直接转矩控制还可用于普通的 PWM 控制，实行开环或闭环控制。直接转矩控制变频器是先进的交流异步电动机控制方式，非常适合重载、起重、电力牵引、大惯性电力拖动、电梯等设备的拖动。

4. 按调压方式分类

根据调压方式的不同，变频器可以分为两类：PAM 变频器和 PWM 变频器。

（1）PAM 变频器　PAM 是脉冲幅度调制（Pulse Amplitude Modulation）的缩写。PAM 变频器是按照一定规律对脉冲列的脉冲幅值进行调制，控制其输出的量值和波形，实际上就是能量大小用脉冲幅度来表示，这种方法现在已很少使用了。

（2）PWM 变频器　PWM 是脉冲宽度调制（Pulse Width Modulation）的缩写。PWM 变频器同样是按照一定规律对脉冲列的脉冲宽度进行调制，控制其输出量和波形，实际上就是能量大小用脉冲宽度来表示。此种变频器输出电压的大小是通过改变输出脉冲的占空比来实现的，常用 PWM 表示。目前使用最多的是占空比按正弦规律变化的正弦波脉宽调制，即 SPWM 方式。

5. 按用途来分类

（1）通用变频器　通用变频器是变频器家族中数量最多、应用最广泛的一种，也是我们使用的主要品种。所谓通用变频器，是指能与普通的笼型异步电动机配套使用，能适应各种不同性质的负载，并具有多种可供选择功能的变频器。它的控制方式除了 U/f 控制，还使用了矢量控制技术，因此在各种条件下均可保持系统工作的最佳状态。除此之外，高性能的变频器还配备了各种控制功能，如 PID 调节、PLC 控制、PG 闭环速度控制等，为变频器和生产机械组成的各种开、闭环调速系统的可靠工作提供了技术支持。

（2）专用变频器 专用变频器是针对某一种（类）特定的控制对象而设计的，这种变频器均是在某一方面的性能比较优良，如风机、水泵用变频器，电梯及起重机械用变频器，中频变频器等。专用变频器包括高性能专用变频器、高频变频器、单相变频器和三相变频器等。

 变频器由哪几部分组成？

调速用变频器通常由主电路和控制电路组成。其基本结构和各部分的基本功能如图 4-2 所示。

1. 主电路

主电路包括整流电路、逆变电路和中间环节。在三相交-直-交变频器主电路中，电网电压由输入端接入变频器，经整流器整流成直流电压，然后由逆变器逆变成电压、频率可调的交流电压，从输出端输出到交流电动机。

（1）整流电路 整流电路用于将电网的三相交流电变成直流，分为可控整流和不可控整流两大类。可控整流由于存在输出电压含有较多的谐波、输入功率因数低、控制部分复杂、中间直流大电容造成的调压惯性大、响应缓慢等缺点，随着 PMW 技术的出现，可控整流在交-直-交变频器中已经被淘汰。不可控整流是目前交-直-交变频器的主流形式，它有两种构成形式，由 6 只整流二极管或 6 只晶闸管组成三相整流桥。

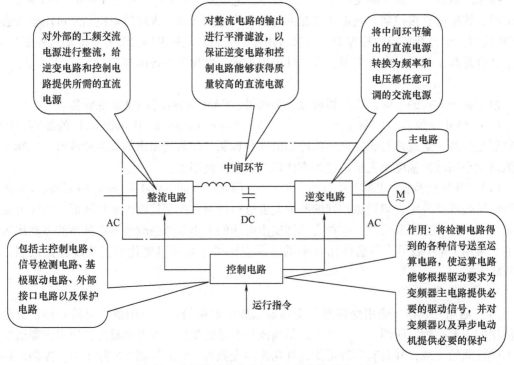

图 4-2 变频器的基本结构和各部分的基本功能

（2）中间环节　中间环节又称为滤波环节，主要采用大电容滤波，直流电压波形比较平直，在理想情况下是一种内阻抗为零的恒压源，输出交流电压是矩形波或阶梯波，这是电压型变频器的一个主要特征。

（3）逆变电路　由逆变管组成三相逆变桥，将整流后的直流电压变成交流电压。目前常用的逆变管有功率晶体管（GTR）、绝缘栅双极型晶体管（IGBT）等。逆变电路由 IGBT 模块构成，如图 4-3 所示。

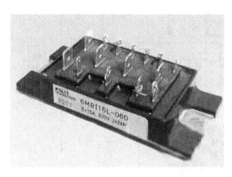

a) 实物

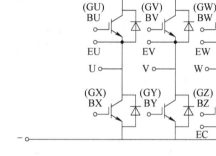

b) 电路结构

图 4-3　由 IGBT 模块构成的逆变电路实物及结构

一个典型的电压控制型通用变频器的原理框图如图 4-4 所示。

2. 变频器主电路的工作原理

目前已被广泛应用在交流电动机变频调速中的变频器是交-直-交变频器，它是先将恒压恒频（Constant Voltage Constant Frequecy，CVCF）交流电通过整流器变成直流电，再经过逆变器将直流电变换成可控交流电的间接型变频电路。

在交流电动机的变频调速控制中，为了保持额定磁通基本不变，在调节定子频率的同时必须改变定子的电压。因此，必须配备变压变频（Variable Voltage Variable Frequency，VVVF）装置。它的核心部分就是变频电路，其结构框图如图 4-5 所示。

按照不同的控制方式，交-直-交变频器可分成以下三种方式：

（1）采用可控整流器调压、逆变器调频的控制方式　其结构框图如图 4-6 所示，在这种装置中，调压和调频在两个环节上分别进行，在控制电路上协调配合，结构简单，控制方便。但是，由于输入环节采用晶闸管可控整流器，当输出的直流电压调得较低时，电网端功率因数较低。而变频器的输出环节多采用由晶闸管组成的多拍逆变器，每周换相 6 次，输出的谐波较大，因此这类控制方式现在用得较少。

（2）采用不可控整流器整流、斩波器调压、再用逆变器调频的控制方式　其结构框图如图 4-7 所示。整流环节采用二极管不可控整流器，只整流不调压，再单独设置斩波器，用脉宽调压，这种方法克服了功率因数较低的缺点，但输出逆变环节未变，仍有谐波较大的缺点。

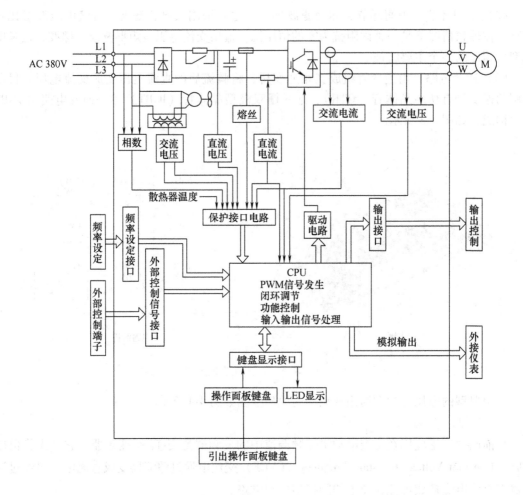

图 4-4　变频器的原理框图

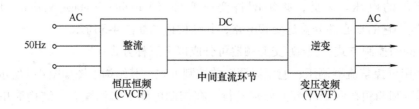

图 4-5　VVVF 变频器主电路结构框图

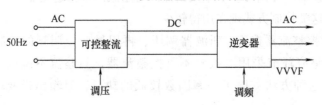

图 4-6　可控整流器调压、逆变器调频的结构框图

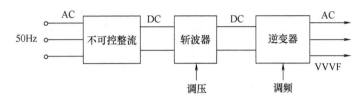

图 4-7　采用不可控整流器整流、斩波器调压、再用逆变器调频的结构框图

（3）采用不可控整流器整流、脉宽调制（PWM）逆变器同时调压调频的控制方式　其结构框图如图 4-8 所示。在这类装置中，用不可控整流，则输入功率因数不变；用 PWM 逆变，则输出谐波可以减小。PWM 逆变器需要全控型电力半导体器件，其输出谐波减少的程度取决于 PWM 的开关频率，而开关频率则受器件开关时间的限制。采用绝缘栅双极型晶体管（IGBT）时，开关频率可达 10kHz 以上，输出波形已经非常逼近正弦波，因而又称为 SP-WM 逆变器，成为当前最有发展前途的一种装置形式。

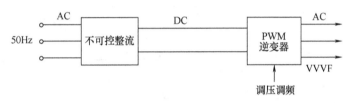

图 4-8　不可控整流器整流、脉宽调制逆变器同时调压调频的结构框图

在交-直-交变频器中，当中间直流环节采用大电容滤波时，直流电压波形比较平直，在理想情况下是一个内阻抗为零的恒压源，输出交流电压是矩形波或阶梯波，这类变频器叫作电压型变频器，如图 4-9a 所示；当交-直-交变频器的中间直流环节采用大电感滤波时，直流电流波形比较平直，因而电源内阻抗很大，对负载来说基本上是一个电流源，输出交流电流是矩形波或阶梯波，这类变频器叫作电流型变频器，如图 4-9b 所示。

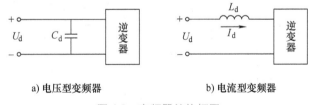

a) 电压型变频器　　　　　　　b) 电流型变频器

图 4-9　变频器结构框图

下面给出几种典型的交-直-交变频器的主电路。

1）交-直-交电压型变频电路。图 4-10 是一种常用的交-直-交电压型 PWM 变频电路。它采用二极管构成整流器，完成交流到直流的变换，其输出直流电压 U_d 是不可控的；中间直流环节用大电容 C_d 滤波；电力晶体管 $V_1 \sim V_6$ 构成 PWM 逆变器，完成直流到交流的变换，并能实现输出频率和电压的同时调节，$VD_1 \sim VD_6$ 是电压型逆变器所需的反馈二极管。

从图 4-10 中可以看出，整流电路输出的电压和电流极性都不能改变，因此该电路只能从交流电源向中间直流电路传输功率，进而再向交流电动机传输功率，而不能从中间直流电

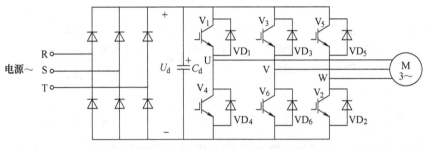

图 4-10　交-直-交电压型 PWM 变频电路

路向交流电源反馈能量。当负载电动机由电动状态转入制动运行时，电动机变为发电状态，其能量通过逆变电路中的反馈二极管流入中间直流电路，使直流电压升高而产生过电压，这种过电压称为泵升电压。如图 4-11 所示，为了限制泵升电压，可给直流侧电容并联一个由电力晶体管 V_0 和能耗电阻 R 组成的泵升电压限制电路。当泵升电压超过一定数值时，使 V_0 导通，能量消耗在 R 上。这种电路可运用于对制动时间有一定要求的调速系统中。

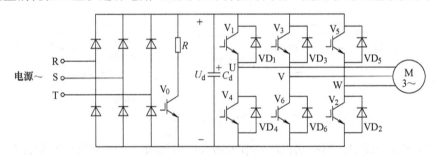

图 4-11　带有泵升电压限制电路的变频电路

在要求电动机频繁快速加减的场合，上述带有泵升电压限制电路的变频电路耗能较多，能耗电阻 R 也需较大的功率，因此希望在制动时把电动机的动能反馈回电网。这时，需要增加一套有源逆变电路，以实现再生制动，如图 4-12 所示。

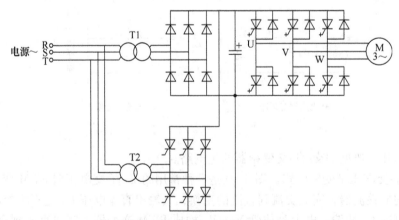

图 4-12　可以再生制动的变频电路

2）交-直-交电流型变频电路。图 4-13 给出了一种常用的交-直-交电流型变频电路。其中，整流器采用由晶闸管构成的可控整流电路，完成交流到直流的变换，输出可控的直流电

压 U，实现调压功能；中间直流环节用大电感 L_d 滤波；逆变器采用由晶闸管构成的串联二极管式电流型逆变电路，完成直流到交流的变换，并实现输出频率的调节。

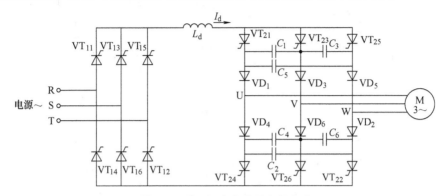

图 4-13　交-直-交电流型变频电路

由图 4-13 可以看出，电力电子器件的单向导向性，使得电流 I_d 不能反向，而中间直流环节采用的大电感滤波，保证了 I_d 的不变，但可控整流器的输出电压 U_d 是可以迅速反向的。因此，电流型变频电路很容易实现能量回馈。图 4-14 给出了电流型变频调速系统的电动运行和回馈制动两种运行状态。其中，UR 为晶闸管可控整流器，UI 为电流型逆变器。当可控整流器 UR 工作在整流状态（$\alpha<90°$）、逆变器工作在逆变状态时，电动机在电动状态下运行，如图 4-14a 所示。这时，直流回路电压 U_d 的极性为上正下负，电流由 U_d 的正端流入逆变器，电能由交流电网经变频器传送给电动机，变频器的输出频率 $\omega_1>\omega$，电动机处于电动状态。此时，如果降低变频器的输出频率，或从机械上抬高电动机转速 ω，使 $\omega_1<\omega$，同时使可控整流器的控制角 $\alpha>90°$，则异步电动机进入发电状态，且直流回路电压 U_d 立即反向，而电流 I_d 方向不变，如图 4-14b 所示。于是，逆变器 UI 变成整流器，而可控整流器 UR 转入有源逆变状态，电能由电动机回馈给交流电网。

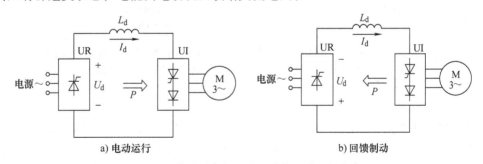

a) 电动运行　　　　　　　　　　　　　　b) 回馈制动

图 4-14　电流型变频调速系统的两种运行状态

图 4-15 给出了一种交-直-交电流型 PWM 变频电路，负载为三相异步电动机。逆变器为采用 GTO 作为功率开关器件的电流型 PWM 逆变电路，图中 GTO 用的是反向导电型器件，因此，给每个 GTO 串联了二极管以承受反向电压。整流电路采用晶闸管而不是二极管，这样，在负载电动机需要制动时，可以使整流部分工作在有源逆变状态，把电动机的机械能反馈给交流电网，从而实现快速制动。

3）交-直-交电压型变频器与电流型变频器的性能比较。电压型变频器和电流型变频器

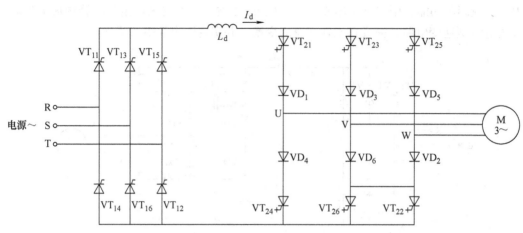

图 4-15 交-直-交电流型 PWM 变频电路

的区别仅在于中间直流环节滤波器的形式不同，这样就造成两类变频器在性能上相当大的差异，主要性能比较见表 4-2。

表 4-2 电压型变频器与电流型变频器的性能比较

性能	电压型变频器	电流型变频器
储能元件	电容	电抗
输出波形的特点	电压波形为矩形波 电流波形近似为正弦波	电流波形为矩形波 电压波形近似为正弦波
回路构成上的特点	有反馈二极管 直流电源并联大容量电容（低阻抗电压源） 电动机四象限运转需要再生变流器	无反馈二极管 直流电源串联大电感（高阻抗电流源） 电动机四象限运转容易
特性上的特点	负载短路时产生过电流 开环电动机也可能稳定运转	负载短路时能抑制过电流 电动机运转不稳定需要反馈控制
适用范围	适用于作为多台电动机同步运行时的供电电源,但不要求快速加减的场合	适用于一台变频器给一台电动机供电的单电动机传动,但可以满足快速起制动和可逆运行的要求

3. 控制电路的构成

向变频器的主电路提供控制信号的电路，称为控制电路。其主要结构如下。

（1）运算电路 将外部的速度、转矩等指令同检测电路的电流、电压信号进行比较运算，决定变频器的输出电压、频率。

（2）电压/电流检测电路 该电路与主电路电位隔离检测电压、电流等。

（3）驱动电路 它为驱动主电路元件的电路，与控制电路隔离使主电路元件导通、关断。

（4）速度检测电路 以装在异步电动机轴上的速度检测器的信号为速度信号，送入运算电路，根据指令和运算可使电动机按指令速度运转。

（5）保护电路 检测主电路的电压、电流等，当发生过载或过电压等异常时，为了防止变频器和异步电动机损坏，使变频器停止工作或抑制电压、电流值。

变频器控制电路中的保护电路，可分为变频器保护和异步电动机保护两种。

（1）变频器的保护

1）瞬时过电流保护。由于变频器负载侧短路等，流过变频器的电流达到异常值（超过容许值）时，瞬时停止变频器运转，切断电流。变频器的输出电流达到异常值，也同样停止变频器运转。

2）过载保护。变频器输出电流超过额定值，且持续流通达规定的时间以上，为了防止变频器元件、电线等损坏要停止运转。恰当的保护需要反时限特性，采用热继电器或者电子热保护（使用电子回路）。过负载是由于负载的 GD_2（惯性）过大或因负载过大使电动机堵转而产生。

3）再生过电压保护。采用变频器使电动机快速减速时，由于再生功率使直流电路电压升高，有时超过容许值。可以采取停止变频器或停止快速减速的办法，防止过电压。

4）瞬时停电保护。对于数毫秒以内的瞬时停电，控制电路工作正常，但瞬时停电达数十毫秒时，通常不仅控制电路动作，主电路也不能供电，所以检出停电后应使变频器停止运转。

5）接地过电流保护。变频器负载侧接地时，为了保护变频器有时有接地过电流保护功能。但为了确保人身安全，需要装设漏电保护器。

6）冷却风机异常。有冷却风机的装置，当风机异常时，装置内温度将上升，因此采用风机热继电器或元件散热片温度传感器，检测异常温度后停止变频器运转。在温度上升很小对运转无妨碍的场合，可以省略。

（2）异步电动机的保护

1）过载保护。过载检测装置与变频器保护共用，为防止低速运转的过热，在异步电动机内埋入温度检测装置，或者利用装在变频器内的电子热保护来检测过热。动作频繁时，可以考虑减轻电动机负载、增加电动机及变频器容量等。

2）超频（超速）保护。变频器的输出频率或者异步电动机的速度超过规定值时，停止变频器运转。

（3）其他保护

1）防止失速过电流。急加速时，如果异步电动机跟踪迟缓，则过电流保护电路动作，运转就不能继续进行（失速）。所以，在负载电流减小之前要进行控制，抑制频率上升或使频率下降。对于恒速运转中的过电流，有时也进行同样的控制。

2）防止失速再生过电压。减速时产生的再生能量使主电路直流电压上升，为了防止再生过电压保护电路动作，在直流电压下降之前要进行控制，抑制频率下降，防止不能运转（失速）。

变频器变频同时电压需不需要改变呢？

1. 变频也需变压

（1）变频对电动机定子绕组反电动势的影响

$$E_1 = 4.44f_1k_{N1}\Phi_M$$
$$U_1 \approx E_1$$

（2）额定频率以下的变频

$$\frac{E_1}{f_1} = 常数$$

（3）额定频率以上的变频

$$f_1 = f_N \qquad U_1 = U_N$$

2. 变频变压的实现方法

变频变压的实现方法有 PAM 和 PWM 两种类型。PAM 称为脉幅调制型，是一种改变电压源的电压或电流源的幅值，进行输出控制的方式。PWM 称为脉宽调制型，是靠改变脉冲宽度来控制输出电压，通过改变调制周期来控制其输出频率。常采用正弦波脉宽调制（Sinusoidal PWM，SPWM）方式来实现变频变压，SPWM 控制方式就是对逆变电路开关器件的通断进行控制，使输出端得到一系列幅值相等而宽度不等的脉冲，用这些脉冲来代替正弦波所需要的波形。

在采样控制理论中有一个重要结论：冲量（脉冲的面积）相等而形状不同窄脉冲（见图 4-16），分别加在具有惯性环节的输入端，其输出响应波形基本相同，也就是说尽管脉冲形状不同，但只要脉冲面积相等，其作用的效果基本相同，这就是 PWM 控制的重要理论依据。如图 4-17 所示，一个正弦半波完全可以用等幅不等宽的脉冲列来等效，但必须做到正弦半波所等分的 6 块阴影面积与相对应的 6 个脉冲列的阴影面积相等，其作用的效果就基本相同，对于正弦波的负半周，用同样方法可得到 PWM 波形来取代正弦负半波。

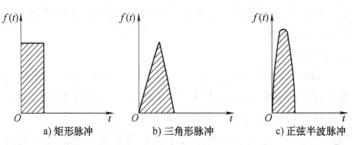

a) 矩形脉冲　　　　b) 三角形脉冲　　　　c) 正弦半波脉冲

图 4-16　冲量相等而形状不同的各种窄脉冲

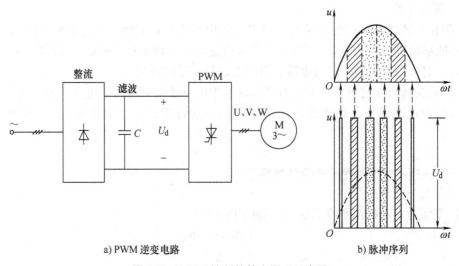

a) PWM 逆变电路　　　　　　　　b) 脉冲序列

图 4-17　PWM 控制的基本原理示意图

在 PWM 波形中，各脉冲的幅值是相等的，若要改变输出电压等效正弦波的幅值，只要按同一比例改变脉冲列中各脉冲的宽度即可。所以 U_d 直流电源采用不可控整流电路获得，不但使电路输入功率因数接近于 1，而且整个装置控制简单，可靠性高。

下面分别介绍单相和三相 PWM 变频电路的控制方法与工作原理。

（1）单相桥式 PWM 变频电路工作原理　电路如图 4-18 所示，采用 GTR 作为逆变电路的自关断开关器件。设负载为电感性，控制方法可以有单极性与双极性两种。

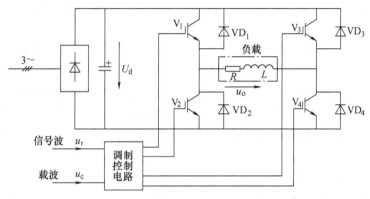

图 4-18　单相桥式 PWM 变频电路

1）单极性 PWM 控制方式的工作原理。按照 PWM 控制的基本原理，如果给定了正弦波频率、幅值和半个周期内的脉冲个数，PWM 波形各脉冲的宽度和间隔就可以准确地计算出来。依据计算结果来控制逆变电路中各开关器件的通断，就可以得到所需要的 PWM 波形，但是这种计算很烦琐，较为实用的方法是采用调制控制，如图 4-19 所示，把所希望输出的正弦波作为调制信号 u_r，把接受调制的等腰三角形波作为载波信号 u_c。对逆变桥 $V_1 \sim V_4$ 的控制方法是：

① 当 u_r 正半周时，让 V_1 一直保持通态，V_2 保持断态。在 u_r 与 u_c 正极性三角波交点处控制 V_4 的通断，在 $u_r > u_c$ 各区间，控制 V_4 为通态，输出负载电压 $u_o = U_d$。在 $u_r < u_c$ 各区间，控制 V_4 为断态，输出负载电压 $u_o = 0$，此时负载电流可以经过 VD_3 与 V_1 续流。

② 当 u_r 负半周时，让 V_2 一直保持通态，V_1 保持断态。在 u_r 与 u_c 负极性三角波交点处控制 V_3 的通断。在 $u_r < u_c$ 各区间，控制 V_3 为通态，输出负载电压 $u_o = -U_d$。在 $u_r > u_c$ 各区间，控制 V_3 为断态，输出负载电压 $u_o = 0$，此时负载电流可以经过 VD_4 与 V_2 续流。

逆变电路输出的 u_o 为 PWM 波形，如图 4-19 所示，u_{of} 为 u_o 的基波分量。由于在这种控制方式中的 PWM 波形只能在一个方向变化，故称为单极性 PWM 控制方式。

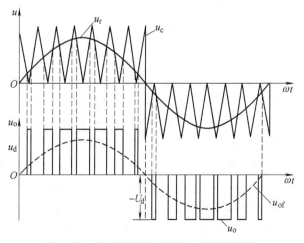

图 4-19　单极性 PWM 控制方式原理波形

综上所述，单极性脉宽调制有如下特点：

① 在 u_r 正半周时，$u_r > u_c$，逆变管 V_1、V_4 导通，决定了 SPWM 系列脉宽 t_1；$u_r < u_c$，逆变管 V_1、V_4 截止，决定了 SPWM 系列脉宽 t_2。

② 每半个周期内逆变桥同一桥臂的两个逆变管，只有一个按规律时通时断地工作，另一个则完全截止。

2）双极性 PWM 控制方式的工作原理　电路仍然是图 4-18，调制信号 u_r 仍然是正弦波，而载波信号 u_c 改为正、负两个方向变化的等腰三角形波，如图 4-20 所示。对逆变桥 $V_1 \sim V_4$ 的控制方法是：

① 在 u_r 正半周，$u_r > u_c$ 的各区间，给 V_1 和 V_4 导通信号，而给 V_2 和 V_3 关断信号，输出负载电压 $u_o = U_d$；$u_r < u_c$ 的各区间，给 V_2 和 V_3 导通信号，而给 V_1 和 V_4 关断信号，输出负载电压 $u_o = -U_d$。这样逆变电路输出的 u_o 为两个方向变化等幅不等宽的脉冲列。

② 在 u_r 负半周，$u_r < u_c$ 的各区间，给 V_2 和 V_3 导通信号，而给 V_1 和 V_4 关断信号，输出负载电压 $u_o = -U_d$；$u_r > u_c$ 的各区间，给 V_1 和 V_4 导通信号，而给 V_2 与 V_3 关断信号，输出负载电压 $u_o = U_d$。

双极性 PWM 控制的输出电压 u_o 波形，如图 4-20 所示，它为两个方向变化等幅不等宽的脉列。这种控制方式特点是：

① 同一平桥上下两个桥臂晶体管的驱动信号极性恰好相反，处于互补工作方式。

② 电感性负载时，若 V_1 和 V_4 处于通态，给 V_1 和 V_4 关断信号，则 V_1 和 V_4 立即关断，而给 V_2 和 V_3 导通信号，由于电感性负载电流不能突变，电流减小感应的电动势使 V_2 和 V_3 不可能立即导通，而是二极管 VD_2 和 VD_3 导通续流，如果续流能维持到下一次 V_1 与 V_4 重新导通，负载电流方向始终没有变，V_2 和 V_3 始终未导通。只有在负载电流

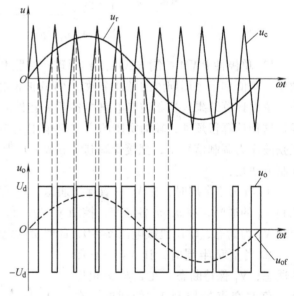

图 4-20　双极性 PWM 控制方式原理波形

较小无法连续续流的情况下，在负载电流下降至零，VD_2 和 VD_3 续流完毕，V_2 和 V_3 导通时，负载电流才反向流过负载。但是不论是 VD_2、VD_3 导通还是 V_2、V_3 导通，u_o 均为 $-U_d$。从 V_2、V_3 导通向 V_1、V_4 切换情况也类似。

综上所述，双极性脉宽调制有如下特点：

① 导通规律为：$u_r > u_c$，V_1 导通、V_2 截止，输出为正；
　　　　　　　　$u_r < u_c$，V_2 导通、V_1 截止，输出为负。

② 调制波和载波的交点决定了逆变桥输出相电压的脉冲系列。

③ 逆变桥工作时，同一桥臂的两只管子不停地交替导通、关断，而流过负载的是按线电压规律变化的交变电流。

（2）三相桥式 PWM 变频电路的工作原理　电路如图 4-21 所示，本电路采用 GTR 作为电压型三相桥式逆变电路的自关断开关器件，负载为电感性。从电路结构上看，三相桥式 PWM 变频电路只能选用双极性控制方式，其工作原理如下：

三相调制信号 u_{rU}、u_{rV} 和 u_{rW} 为相位依次相差 120° 的正弦波，而三相载波信号是共用一个正负方向变化的三角形波 u_c，如图 4-22 所示。U、V 和 W 相自关断开关器件的控制方法相同，现以 U 相为例：在 $u_{rU}>u_c$ 的各区间，给上桥臂电力晶体管 V_1 导通信号，而给下桥臂 V_4 关断信号，于是 U 相输出电压相对直流电源 U_d 中性点 N′ 为 $u_{UN'}=U_d/2$。在 $u_{rU}<u_c$ 的各区间，给 V_1 关断信号，给 V_4 导通信号，输出电压 $u_{UN'}=-U_d/2$。图 4-22 所示的 $u_{UN'}$ 波形就是三相桥式 PWM 逆变电路中 U 相输出的波形（相对 N′ 点）。

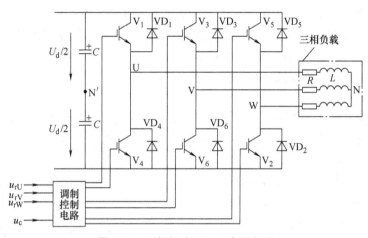

图 4-21　三相桥式 PWM 变频电路

图 4-21 所示电路中，二极管 $VD_1\sim VD_6$ 为电感性负载换流过程提供续流回路。其他两相的控制原理与 U 相相同。三相桥式 PWM 变频电路的三相输出的 PWM 波形分别为 $u_{UN'}$、$u_{VN'}$ 和 $u_{WN'}$，如图 4-22 所示。U、V 和 W 三相之间的线电压 PWM 波形以及输出三相相对于负载中性点 N 的相电压 PWM 波形，可按下列计算式求得：

线电压
$$\begin{cases} u_{UV}=u_{UN'}-u_{VN'} \\ u_{VW}=u_{VN'}-u_{WN'} \\ u_{WU}=u_{WN'}-u_{UN'} \end{cases}$$

相电压
$$\begin{cases} u_{UN}=u_{UN'}-\dfrac{1}{3}(u_{UN'}+u_{VN'}+u_{WN'}) \\ u_{VN}=u_{VN'}-\dfrac{1}{3}(u_{UN'}+u_{VN'}+u_{WN'}) \\ u_{WN}=u_{WN'}-\dfrac{1}{3}(u_{UN'}+u_{VN'}+u_{WN'}) \end{cases}$$

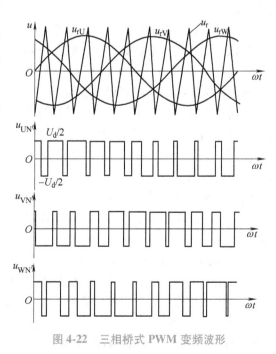

图 4-22　三相桥式 PWM 变频波形

在双极性 PWM 控制方式中，理论上要求同一相上、下两个桥臂的开关管驱动信号相反，但实际上，为了防止上、下两个桥臂直通造成直流电源的短路，通常要求先施加关断信号，经过 Δt 的延时才给另一个施加导通信号。延时时间的长短主要由自关断功率开关器件的关断时间决定。这个延时将会给输出 PWM 波形带来偏离正弦波的不利影响，所以在保证安全可靠换流前提下，延时时间应尽可能取小。

（3）PWM 变频电路的调制控制方式　在 PWM 变频电路中，载波频率 f_c 与调制信号频率 f_r 之比称为载波比，即 $N = f_c/f_r$。根据载波和调制信号波是否同步，PWM 逆变电路有异步调制和同步调制两种控制方式，现分别介绍如下：

1）异步调制控制方式。当载波比 N 不是 3 的整数倍时，载波与调制信号波就存在不同步的调制，就是异步调制三相 PWM，如 $f_c = 10f_r$，载波比 $N = 10$，不是 3 的整数倍。在异步调制控制方式中，通常 f_c 固定不变，逆变输出电压频率的调节是通过改变 f_r 的大小来实现的，所以载波比 N 也随时跟着变化，就难以同步。

异步调制控制方式的特点是：

① 控制相对简单。

② 在调制信号的半个周期内，输出脉冲的个数不固定，脉冲相位也不固定，正负半周的脉冲不对称，而且半周期内前后 1/4 周期的脉冲也不对称，输出波形偏离了正弦波。

③ 载波比 N 越大，半周期内调制的 PWM 波形脉冲数就越多，正负半周不对称和半周内前后 1/4 周期脉冲不对称的影响就越大，输出波形越接近正弦波。所以在采用异步调制控制方式时，要尽量提高载波频率 f_c，使不对称的影响尽量减小，输出波形接近正弦波。

2）同步调制控制方式。在三相逆变电路中当载波比 N 为 3 的整数倍时，载波与调制信号波能同步调制。图 4-23 所示为 $N = 9$ 时的同步调制控制的三相 PWM 变频波形。

在同步调制控制方式中，通常保持载波比 N 不变，若要增高逆变输出电压的频率，必须同时增高 f_c 与 f_r，且保持载波比 N 不变，保持同步调制不变。

同步调制控制方式的特点是：

① 控制相对较复杂，通常采用微机控制。

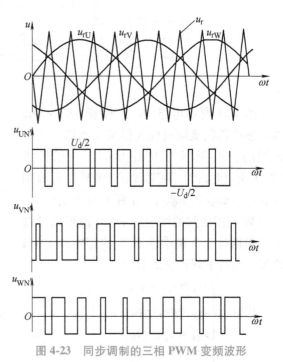

图 4-23　同步调制的三相 PWM 变频波形

② 在调制信号的半个周期内，输出脉冲的个数是固定不变的，脉冲相位也是固定的。正负半周的脉冲对称，而且半个周期脉冲排列其左右也是对称的，输出波形等效于正弦波。

但是，当逆变电路要求输出频率 f_o 很低时，由于半周期内输出脉冲的个数不变，所以由 PWM 调制而产生 f_o 附近的谐波频率也相应很低，这种低频谐波通常不易滤除，而对三相异步电动机造成不利影响，例如电动机噪声变大、振动加大等。

为了克服同步调制控制方式低频段的缺点，通常采用"分段同步调制"的方法，即把逆变电路的输出频率范围划分成若干个频率段，每个频率段内都保持载波比为恒定，而不同频率段所取的载波比不同。

① 在输出频率为高频率段时，取较小的载波比，这样载波频率不致过高，能在功率开关器件所允许的频率范围内。

② 在输出频率为低频率段时，取较大的载波比，这样载波频率不致过低，谐波频率也较高且幅值也小，也易滤除，从而减小了对异步电动机的不利影响。

综上所述，同步调制方式效果比异步调制方式好，但同步调制控制方式较复杂，一般要用微机进行控制。也有电路在输出低频率段时采用异步调制方式，而在输出高频率段时换成同步调制控制方式。这种综合调制控制方式，其效果与分段同步调制方式相接近。

（4）SPWM 波形的生成　SPWM 的控制就是根据三角波载波和正弦调制波用比较器来确定它们的交点，在交点时刻对功率开关器件的通断进行控制。这个任务可以用模拟电子电路、数字电路或专用的大规模集成电路芯片等硬件电路来完成，也可以用计算机通过软件生成 SPWM 波形。在计算机控制 SPWM 变频器中，SPWM 信号一般由软件加接口电路生成。如何计算 SPWM 的开关点，是 SPWM 信号生成中的一个难点。

SPWM 的开关点：SPWM 脉冲序列的产生是由基准正弦波和三角载波信号的交点所决定的，且每一个交点都是逆变器同一桥臂上两只逆变管的开、关交替点。

1）单极性 SPWM 调制。如图 4-24 所示的单相桥式 SPWM 电压型逆变电路中，IGBT 作为开关器件，负载为感性负载，工作时 V_1 和 V_2 通、断状态互补，V_3 和 V_4 通、断状态也互补。在负载上可以得到 U_d、$-U_d$ 和 0 三种电平。

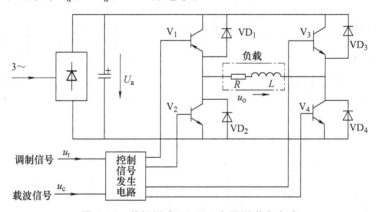

图 4-24　单相桥式 SPWM 电压型逆变电路

在输入电压 u_o 的正半周，使 V_1 保持通态、V_2 保持断态，V_3 和 V_4 交替通断。由于负载电流 i_o 比电压滞后，在电压正半周，电流有一段区间为负。在负载电流为正的区间，V_1 和 V_4 导通时，$u_o = U_d$；V_4 关断时，由于感性负载的电流突变，负载电流通过 VD_3 续流，$u_o = 0$。在负载电流为负的区间，V_1 和 V_4 导通时，i_o 实际上从 VD_1 和 VD_4 流过，仍有 $u_o = U_d$；V_4 关断，V_3 导通后，i_o 从 V_3 和 VD_1 续流，$u_o = 0$，这样负载电压 u_o 可以得到 U_d 和 0 两种电平。在输出电压 u_o 的负半周，使 V_2 保持通态，V_1 保持断态，V_3 和 V_4 交替通断。单极性 SPWM 调制规律见表 4-3，调制波形如图 4-25 所示。

表 4-3 单极性 SPWM 调制规律

正半周	$u_r > u_o$	V_1 导通
	$u_r < u_o$	V_1 关断
负半周	$u_r > u_o$	V_2 导通
	$u_r < u_o$	V_2 关断

2）双极性 SPWM 调制。采用双极性控制方式时的波形如图 4-26 所示。双极性调制中，在 u_r 的半个周期内，载波在正负两个方向变化，所得的 SPWM 波也有正有负。在 u_r 的一个周期内，输出 SPWM 波只有 U_d 和 $-U_d$ 两种电平。仍然在调制信号 u_r 和载波信号 u_c 的交点时刻控制各开关器件通断。

在 u_r 正负半周，对各开关器件的控制规律相同，当 $u_r > u_c$ 时，给 V_1 和 V_4 导通信号，给 V_2 和 V_3 关断信号，输出 $u_o = U_d$，如果 $I_o > 0$，V_1 和 V_4 导通；如果 $I_o < 0$，VD_1 和 VD_4 导通。当 $u_r < u_c$ 时，给 V_2 和 V_3 导通信号，给 V_1 和 V_4 关断信号，输出电压 $u_o = -U_d$，如果 $I_o < 0$，V_2 和 V_3 导通，如果 $I_o > 0$，VD_2 和 VD_3 导通。

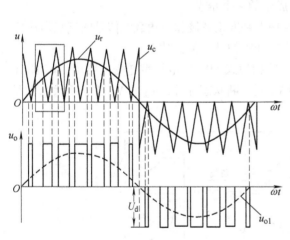

图 4-25 单极性 SPWM 控制方式波形图

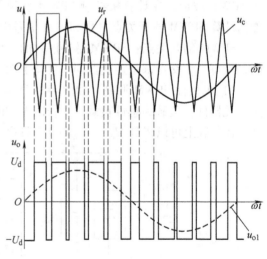

图 4-26 双极性 SPWM 控制方式波形图

变频器变频后，机械特性是怎样变化的呢？

在调节异步电动机或电源的某些参数时，会引起异步电动机机械特性的改变。那么改变电源频率 f 会引起异步电动机机械特性怎样改变呢？

调节频率时，通过几个特殊点可得出机械特性的大致轮廓。

在理想空载点 $(0, n_0)$ 处有

$$n_0 = \frac{60f_1}{p}$$

在最大转矩点 (T_m, n) 处有

$$T_m = \frac{3pU_1^2}{4\pi f_1 \left(R_s + \sqrt{R_s^2 + (L_{ls} + L'_{lr})^2} \right)} \tag{4-1}$$

式中 R_s、L_{ls}——定子每相绕组电阻和漏电感；

L'_{lr}——经过折算后的转子每相绕组漏电感。

1. 基频以下时的机械特性

1）理想空载转速：$f_1 \downarrow \rightarrow n_0 \downarrow$

2）最大转矩：最大转矩是确定机械特性的关键点，由于理论推导过于烦琐，下面通过一组实验数据来观察最大转矩点随频率变化的规律。表 4-4 是某 4 极电动机在调节频率时的实验结果。

表 4-4 某 4 极电动机在调节频率时的实验结果

f/f_N	1.0	0.9	0.8	0.7	0.6	0.5	0.4	0.3	0.2
$n_0/\text{r} \cdot \text{min}^{-1}$	1500	1350	1200	1050	900	750	600	450	300
T_m/T_{mN}	1.0	0.97	0.94	0.9	0.85	0.79	0.7	0.6	0.45
$\Delta n_m/\text{r} \cdot \text{min}^{-1}$	285	285	285	285	279	270	255	225	186

表中，T_{mN} 为额定频率时的临界转矩。结合表中的数据，画出机械特性如图 4-27 所示。

观察各条机械特性，它们的特征如下：

① 从额定频率向下调频时，理想空载转速减小，最大转矩逐渐减小。

② 频率在额定频率附近下调时，最大转矩减小很少，可以近似认为不变；频率调得很低时，最大转矩减小很快。

③ 频率不同时，最大转矩点对应的转差 Δn_m 变化不是很大，所以稳定工作区的机械特性基本是平行的。

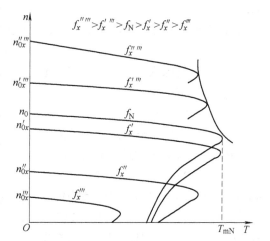

图 4-27 三相异步电动机变频调速机械特性

2. 基频以上时的机械特性

在基频以上调速时，频率从额定频率往上调节，但定子电压不可能超过额定电压，只能保持额定电压。

1）理想空载转速：$f_1 \uparrow \rightarrow n_0 \uparrow$

2）最大转矩：下面仍通过实验数据来观察最大转矩点位置的变化。表 4-5 是某 4 极电动机在额定频率以上时的实验结果。

表 4-5 某 4 极电动机在额定频率以上时的实验结果

f/f_N	1.0	1.2	1.4	1.6	1.8	2.0
$n_0/\text{r} \cdot \text{min}^{-1}$	1500	1800	2100	2400	2700	3000
T_m/T_{mN}	1.0	0.72	0.55	0.43	0.34	0.28
$\Delta n_m/\text{r} \cdot \text{min}^{-1}$	291	294	296	297	297	297

结合表中的数据，画出机械特性如图 4-28 所示，各条机械特性具有以下特征：

① 额定频率以上调频时，理想空载转速增大，最大转矩大幅度减小。

② 最大转矩点对应的转差 Δn_m 几乎不变，但由于最大转矩减小很多，所以机械特性斜

度加大，特性变软。

3. 对额定频率以下机械特性的修正

由上面的机械特性可以看出，在低频时，最大转矩大幅度减小，严重影响到电动机在低速时的带负载能力，为解决这个问题，必须了解低频时最大转矩减小的原因。

（1）最大转矩减小的原因　在进行电动机调速时，必须考虑的一个重要因素，就是保持电动机中每极磁通量 Φ_m 不变。如果磁通太弱，没有充分利用电动机的铁心，是一种浪费；如果过分增大

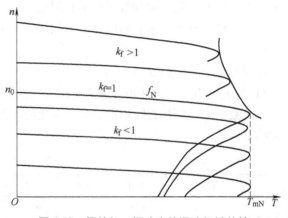

图 4-28　恒转矩、恒功率的调速机械特性

磁通，又会使铁心饱和，从而导致励磁电流增加，严重时会因绕组过热而损坏电动机，这是不允许的。

我们知道，三相异步电动机定子每相电动势的有效值为

$$E_g = 4.44 f_1 N_1 k_{N1} \Phi_m \tag{4-2}$$

式中　E_g——气隙磁通在定子每相中感应电动势的有效值（V）；

　　　f_1——定子频率（Hz）；

　　　N_1——定子每相绕组的匝数；

　　　k_{N1}——与定子绕组结构有关的常数；

　　　Φ_m——每极气隙磁通量（Wb）。

由式（4-2）可知，要保持 Φ_m 不变，只要设法保持 E_g/f_1 为恒值。由于绕组中的感应电动势是难以直接控制的，当电动势较高时，可以忽略定子绕组的漏磁阻抗压降，而认为定子相电压 $U_1 \approx E_g$，即 $U_1/f =$ 常数，这就是恒压频比控制。这种近似是以忽略电动机定子绕组阻抗压降为代价的，但低频时，频率降得很低，定子电压也很小，此时再忽略电动机定子绕组阻抗压降就会引起很大的误差，从而引起最大转矩大幅度减小。

（2）解决的办法　针对频率下降时，造成主磁通及最大转矩下降的情况，可适当提高定子电压，从而保证 E_g/f_1 为恒值。这样主磁通就会基本不变，最终使电动机的最大转矩得到补偿。由于这种方法是通过提高 U/f 比使最大转矩得到补偿的，因此这种方法被称作 V/F 控制或电压补偿，也叫转矩提升。经过电压补偿后，电动机的机械特性在低频时的最大转矩得到了大幅度提高，如图 4-29 所示。

4. 变频调速特性的特点

根据图 4-29 所示机械特性的特征可以得出以下结论：

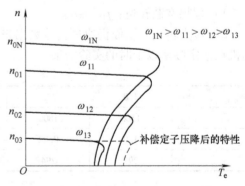

图 4-29　恒压频比控制时变频调速机械特性

（1）恒转矩的调速特性　在频率小于额定频率的范围内，经过补偿后的机械特性的最大转矩基本为一定值，因此该区域基本为恒转矩区域，适合带恒转矩的负载。

（2）恒功率的调速特性　在频率大于额定频率的范围内，机械特性的最大电磁功率基本为一定值，电动机近似具有恒功率的调速特性，适合带恒功率的负载。

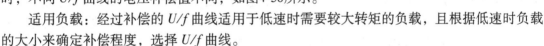

变频器主要的控制方式很重要！

变频器的主电路基本上都是一样的（所用的开关器件有所不同），而控制方式却不一样，需要根据电动机的特性对供电电压、电流、频率进行适当的控制。

变频器具有调速功能，但采用不同的控制方式所得到的调速性能、特性以及用途是不同的。控制方式大体可分 U/f 控制和矢量控制。

1. U/f 控制

U/f 控制是一种比较简单的控制方式。它的基本特点是对变频器的输出电压和频率同时进行控制，通过提高 U/f 值来补偿频率下调时引起的最大转矩下降而得到所需的转矩特性。采用 U/f 控制方式的变频器控制电路成本较低，多用于对精度要求不太高的通用变频器。

（1）U/f 曲线的种类　为了方便用户选择 U/f 值，变频器通常都是以 U/f 控制曲线的方式提供给用户，让用户选择，如图 4-30 所示。

1）基本 U/f 控制曲线。基本 U/f 控制曲线表明没有补偿时定子电压和频率的关系，是进行 U/f 控制时的基准线。在基本 U/f 线上，与额定输出电压对应的频率称为基本频率，用 f_b 表示。基本 U/f 曲线如图 4-31 所示。

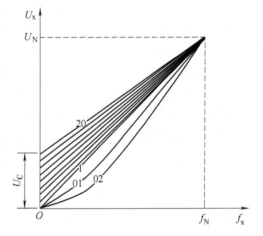

图 4-30　变频器的 U/f 控制曲线
01、02—负补偿的 U/f 曲线　1—基本 U/f 控制曲线
20—转矩补偿的 U/f 曲线

2）转矩补偿的 U/f 曲线。特点：在 $f = 0$ 时，不同 U/f 曲线的电压补偿值不同，如图4-30所示。

适用负载：经过补偿的 U/f 曲线适用于低速时需要较大转矩的负载，且根据低速时负载的大小来确定补偿程度，选择 U/f 曲线。

3）负补偿的 U/f 曲线。特点：低速时，U/f 曲线在基本 U/f 曲线的下方，如图 4-30 所示的 01、02 线。

适用负载：主要适用于风机、泵类的二次方率。由于这种负载的阻转矩和转速的二次方成正比，即低速时负载转矩很小，即使不补偿，电动机输出的电磁转矩都足以带动负载。

4）U/f 比的分段补偿线。特点：U/f 曲线由几段组成，每段的 U/f 值均由用户自行给定，如图 4-32 所示。

适用负载：负载转矩与转速大致成比例的负载。在低速时补偿少，在高速时补偿程度需要加大。

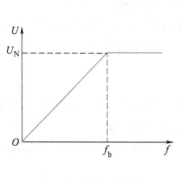

图 4-31　基本 U/f 线

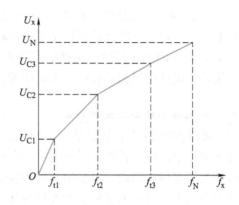

图 4-32　U/f 值的分段补偿线

（2）选择 U/f 控制曲线时常用的操作方法　上面讲解了 U/f 控制曲线的选择方法和原则，但是由于具体补偿量的计算非常复杂，因此在实际操作中，常用实验的方法来选择 U/f 曲线。具体操作步骤如下：

1）将拖动系统连接好，带以最重的负载。

2）根据所带负载的性质，选择一个较小档的 U/f 曲线，在低速时观察电动机的运行情况，如果此时电动机的带负载能力达不到要求，需将 U/f 曲线提高一档。依次类推，直到电动机在低速时的带负载能力达到拖动系统的要求。

3）如果负载经常变化，在第 2）步中选择的 U/f 曲线，还需要在轻载和空载状态下进行检验。方法是：将拖动系统带以最轻的负载或空载，在低速下运行，观察定子电流的大小，如果过大或者变频器跳闸，说明原来选择的 U/f 曲线过大，补偿过分，需要适当调低 U/f 曲线。

2. 矢量控制

矢量控制是一种高性能的异步电动机的控制方式，它从直流电动机的调速方法得到启发，利用现代计算机技术解决了大量的计算问题，是异步电动机一种理想的调速方法。

矢量控制的基本思想是将异步电动机的定子电流在理论上分成两部分：产生磁场的电流分量（磁场电流）和与磁场相垂直、产生转矩的电流分量（转矩电流），并分别加以控制。

由于在进行矢量控制时，需要准确地掌握异步电动机的有关参数，这种控制方式过去主要用于厂家、指定的变频器专用电动机的控制。随着变频调速理论和技术的发展，以及现代控制理论在变频器中的成功应用，目前在新型矢量控制变频器中，已经增加了自整定功能。带有这种功能的变频器，在驱动异步电动机进行正常运转之前，可以对电动机参数进行自动识别，并根据辨识结果调整控制算法中的有关参数，从而使得对普通异步电动机进行矢量控制也成为可能。

使用矢量控制的要求如下：

（1）矢量控制的设定　现在大部分的新型通用变频器都有了矢量控制功能，只需在矢量控制功能中选择"用"或"不用"就可以了。在选择矢量控制后，还需要输入电动机的容量、极数、额定电压、额定频率等。

由于矢量控制是以电动机的基本运行数据为依据的，因此电动机的运行数据就显得很重要，如果使用的电动机符合变频器的要求，且变频器容量和电动机容量相吻合，变频器就会自动搜寻电动机的参数，否则就需要重新测定。

（2）矢量控制的要求　若选择矢量控制方式，要求：一台变频器只能带一台电动机；电动机的极数要按说明书的要求选择，一般以 4 极电动机为最佳；电动机容量与变频器容量相当，最多差一个等级；变频器与电动机间的连接不能过长，一般应在 30m 以内，如果超过 30m，需要在连接好电缆后，进行离线自动调整，以重新测定电动机的相关参数。

（3）使用矢量控制的注意事项　在使用矢量控制时，可以选择是否需要速度反馈；频率显示以给定频率为好。

想一想

了解变频器后，每个小组的组员在组长的带领下采用头脑风暴法讨论，根据本项目的任务要求制订实施工作计划，填写在表 4-6 中。

表 4-6　项目工作计划单

工 作 计 划 单					
项　目				学时	
班　级					
组　长		组　员			
序号	内容		人员分工		备注
学生确认				日期	

【项目设计】

确定适合恒压供水系统变频器的型号，设计变频器的外接主电路和控制电路。

一、恒压供水系统变频器的选择

1. 选择变频器容量的基本原则

1）选择通用变频器时，应以电动机的额定电流和负载特性为依据选择通用变频器的额定容量。对于通用变频器的额定容量，各生产厂家的定义有些差异，通常以不同的过载能力表示，如以 125%、持续 1min 为标准确定额定允许输出电流或以 150%、持续 1min 为标准确定额定允许输出电流。通用变频器的容量多数是以千瓦数及相应的额定电流标注的，对于三相通用变频器而言，该千瓦数是指该通用变频器可以适配的 4 极三相异步电动机满载连续运行的电动机功率。一般情况下，可以据此确定需要的通用变频器的容量。

一般风机、泵类负载不宜在 15Hz 以下运行，如果确实需要在 15Hz 以下长期运行，则需考虑电动机的容许温升，必要时应采用外置强迫风冷措施，即在电动机附近外加一个适当功率的风扇对电动机进行强制冷却，或拆除电动机本身的冷却扇叶，利用原扇罩固定安装一台小功率（如25W、三相）轴流风机对电动机进行冷却。要特别注意50Hz以上高速运行的情况，若超速过多，会使负载电流迅速增大，导致烧毁设备，使用时应设定上限频率，限制最高运行频率。

对于恒转矩负载，转矩基本上与转速无关，当负载调速运行到15Hz以下时，电动机的输出转矩会下降。

在恒功率负载的设备上采用通用变频器时，则在异步电动机的额定转速、机械强度和输出转矩选择上应慎重考虑。一般尽量采用变频专业电动机或6极、8极电动机。这样，在低转速时，电动机的输出转矩较高。

2）通用变频器输出端允许连接的电缆长度是有限制的。若要长电缆运行或控制几台电动机，应采取措施抑制对地耦合电容的影响，并应放大一两档选择变频器容量或在变频器的输出端选择安装输出电抗器。另外，在此种情况下，变频器的控制方式只能为U/f控制方式，并且变频器无法实现对电动机的保护，需要在每台电动机上加装热继电器实现保护。

3）对于一些特殊的应用场合，如环境温度高、海拔高于1000m等，会引起通用变频器过电流，选择的变频器容量需放大一档。

4）通用变频器用于变极电动机时，应充分注意选择变频器的容量，使电动机的最大运行电流小于变频器的额定输出电流。另外，在运行中进行极数转换时，应先让电动机停止工作，否则会造成电动机空载加速，严重时会造成变频器损坏。

5）通用变频器用于驱动防爆电动机时，由于变频器没有防爆性能，所以应考虑是否能将变频器设置在危险场所之外。

6）通用变频器用于驱动绕线转子异步电动机时，应注意：绕线转子异步电动机与普通异步电动机相比，绕组的阻抗小，容易发生由于谐波电流而引起的过电流跳闸现象，因此应选择比通常容量稍大的变频器。一般绕线转子异步电动机多用于飞轮矩较大的场合，在设定加、减速时间时应特别核对，必要时应经过计算。

7）通用变频器用于压缩机、振动机等转矩波动大的负载及油压泵等有功率峰值的负载时，有时按照电动机的额定电流选择变频器，可能发生因峰值电流使过电流保护动作的情况，因此应选择比其工频运行下的最大电流更大的运行电流作为选择变频器容量的依据。

8）通用变频器用于驱动潜水泵电动机时，因为潜水泵电动机的额定电流比通常电动机的额定电流大，所以选择变频器时，其额定电流要大于潜水泵电动机的额定电流。

9）通用变频器不适用于驱动单相异步电动机。

10）选择的通用变频器的防护等级要符合现场环境情况，否则会影响变频器的运行。

2. 根据负载类型选择变频器类型

变频器类型选择的基本原则是根据负载的要求进行选择。不同类型的负载，应选用不同类型的变频器。

（1）二次方律负载的变频器类型选择　风机和泵类负载属于二次方律负载，这类负载在过载能力方面要求较低，由于负载转矩与速度的二次方成正比，所以低速运行时负载较轻，又因为这类负载对转速精度没有什么要求，故选型时通常以价廉为主要原则，选择普通功能型通用变频器。

（2）恒转矩负载的变频器类型选择　多数负载具有恒转矩特性，但在转速精度及动态性能等方面要求一般不高，如挤压机、搅拌机、传送带、厂内运输电车、起重车的平移机构、起重车的提升机构和提升机等。选型时可选 U/f 控制方式的、具有恒转矩控制功能的变频器。如果用变频器实现恒转矩调速，则必须加大电动机和变频器的容量，以提高低速转矩。

（3）恒功率负载的变频器类型选择　机床主轴和轧机、造纸机、塑料薄膜生产线中的卷取机、开卷机等要求转矩与转速成反比，这是所谓的由于没有恒功率特性的变频器，所以一般依靠 U/f 控制方式来实现恒功率。

（4）被控对象具有较高的动态、静态指标要求的负载变频器类型选择　对于调速精度和动态性能指标都有较高要求以及要求高精度同步运行等场合，可采用带速度反馈的矢量控制方式的变频器。如果控制系统采用闭环控制，可选用能够四象限运行、U/f 控制方式、具有恒转矩功能型变频器。例如轧钢、造纸、塑料薄膜加工生产线这一类对动态性能要求较高的生产机械，采用矢量控制的高性能通用变频器，不但能很好地满足生产工艺要求，还能降低调节器控制算法的难度。

3. 根据电动机电流选择变频器容量

采用变频器驱动异步电动机调速，在异步电动机确定后，通常应根据异步电动机的额定电流来选择变频器，或者根据异步电动机实际运行中的电流值（最大值）来选择变频器。

（1）连续运行的场合　由于变频器供给电动机的是脉动电流，其脉动瞬时值比工频供电时的瞬时电流要大，因此需将变频器的容量留有适当的余量。通常应取变频器的额定输出电流≥1.05 倍电动机的额定电流（铭牌值）或电动机实际运行中的最大电流。

$$I_{NV} \geqslant 1.05 I_N \text{ 或 } I_{NV} \geqslant 1.05 I_{max} \tag{4-3}$$

式中　I_{NV}——变频器的额定输出电流（A）；

　　　I_N——电动机的额定电流（A）；

　　I_{max}——电动机的实际最大电流（A）。

如按电动机实际运行中的最大电流来选定变频器时，变频器的容量可以适当缩小。

（2）加减速时变频器容量的选定　变频器的最大输出转矩是由变频器的最大输出电流决定，一般情况下，对于短时间的加减速而言，变频器允许达到额定输出电流的 130% ～ 150%（视变频器容量有区别），因此，在短时加、减速时的输出转矩也可以增大，反之，如只需要较小的加、减速转矩时，也可降低选择变频器的容量。由于电流的脉动原因，此时应将变频器的最大输出电流降低 10% 后再进行选定。

（3）频繁加、减速运转时变频器容量的选定　如图 4-33 所示的运行曲线图，可根据加速、恒速、减速等各种运行状态下的电流值，按式（4-4）进行选定：

$$I_{NV} = \left[(I_1 t_1 + I_2 t_2 + I_3 t_3 + I_4 t_4 + I_5 t_5)/(t_1 + t_2 + t_3 + t_4 + t_5 + t_6) \right] K \tag{4-4}$$

式中　　　　I_{NV}——变频器的额定输出电流（A）；

I_1、I_2、…、I_5——各运行状态下的平均电流（A）；

t_1、t_2、…、t_6——各运行状态下的时间（s）；

　　　　　　K——安全系数（运行频繁时，$K=1.2$；其他时，$K=1.1$）。

（4）电流变化不规则的场合　在运行中，如电动机电流不规则变化，此时不易获得运行特性曲线，这时可使电动机在输出最大转矩时的电流限制在变频器的额定输出电流内进行选定。

（5）电动机直接起动时所需变频器
容量的选定　通常，三相异步电动机工
频下直接起动时起动电流为其额定电流
的5~7倍，直接起动时可按式（4-5）选
取变频器：

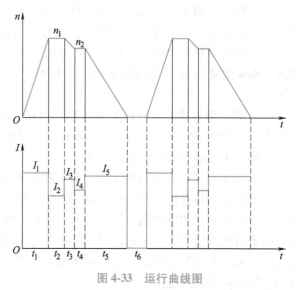

图4-33　运行曲线图

$$I_{NV} \geqslant I_K/K_g \qquad (4-5)$$

式中　I_{NV}——变频器的额定输出电
流（A）；

I_K——在额定电压、额定频率
下电动机起动时的堵转
电流（A）；

K_g——变频器的允许过载倍
数（取1.3~1.5）。

（6）多台电动机共用一台变频器供
电　除了以上所述外，还应考虑以下几点：

1）在电动机总功率相等的情况下，由多台小功率电动机组成的一方，比由台数少但电
动机功率较大的一方电动机效率低，因此两者电流值并不等，因此可根据各电动机的电流总
值来选择变频器。

2）在整定软起动、软停止时，一定要按起动最慢的那台电动机进行整定。

3）当有一部分电动机直接起动时，可按式（4-6）进行计算：

$$I_{NV} \geqslant [N_2 I_K + (N_1 - N_2)I_N]/K_g \qquad (4-6)$$

式中　I_{NV}——变频器的额定输出电流（A）；

N_1——电动机的总台数；

N_2——直接起动的电动机台数；

I_K——电动机直接起动时的起动电流（A）；

I_N——电动机的额定电流（A）；

K_g——变频器的允许过载倍数（取1.3~1.5）。

多台电动机依次进行直接起动，到最后一台时，起动条件最不利，另外当所有电动机均
起动完毕后，还应满足：$I_{NV} \geqslant$ 多台电动机的额定电流的总和。

（7）容量选择的注意事项

1）并联追加投入起动。用一台变频器带多台电动机并联运转时，如果所有电动机同时
起动加速可按如前所述选择容量。对于一小部分电动机开始起动后再追加投入其他电动机起
动的场合，此时变频器的电压、频率已经上升，追加投入的电动机将产生大的起动电流。因
此，变频器容量与同时起动时相比较需要大些，额定输出电流可按式（4-7）算出：

$$I_{NV} \geqslant \sum_{}^{N_1} K I_m + \sum_{}^{N_2} I_{ms} \qquad (4-7)$$

式中　I_{NV}——变频器的额定输出电流（A）；

N_1——先起动的电动机台数；

N_2——追加投入起动的电动机台数；

I_m——先起动的电动机的额定电流（A）；

I_{ms}——追加投入电动机的起动电流（A）。

2）大过载容量。根据负载的种类往往需要过载容量大的变频器，但通用变频器过载容量通常为125%、60s或150%、60s，需要超过此值的过载容量时，必须增大变频器的容量。

3）轻载电动机。电动机的实际负载比电动机的额定输出功率小时，多认为可选择与实际负载相称的变频器容量。但是对于通用变频器，即使实际负载小，使用比按电动机额定功率选择的变频器容量小的变频器并不理想，其理由如下：

① 电动机在空载时也流过额定电流30%~50%的励磁电流。

② 起动时流过的起动电流与电动机施加的电压、频率相对应，而与负载转矩无关，如果变频器容量小，此电流超过过电流容量，则往往不能起动。

③ 电动机容量大，则以变频器容量为基准的电动机漏抗百分比变小，变频器输出电流的脉动增大，因而过电流保护容易动作，往往不能运行。

④ 起动转矩和低速区转矩。电动机用通用变频器起动时，其起动转矩与用工频电源起动相比多数变小，根据负载的起动转矩特性，有时不能起动。另外，在低速运转时的转矩有比额定转矩减小的倾向。用选定的变频器和电动机不能满足负载所要求的起动转矩和低速区转矩时，变频器和电动机的容量还需要再加大。

4. 根据输出电压选择变频器

变频器输出电压可按电动机额定电压选定，按我国标准，可分成220V系列和400V系列两种。对于3kV的高压电动机使用400V系列的变频器，可在变频器的输入侧装设输入变压器，输出侧装设输出变压器，输入变压器将3kV下降为400V，输出变压器将变频器的输出升到3kV。

5. 根据输出频率选择变频器

变频器的最高输出频率根据机种不同而有很大不同，有50/60Hz、120Hz、240Hz或更高。50/60Hz的变频器以在额定速度以下范围进行调速运转为目的，大容量通用变频器基本都属于此类。最高输出频率超过工频的变频器多为小容量，在50/60Hz以上区域，由于输出电压不变，为恒功率特性，应注意在高速区转矩的减小。但对于车床等机床，需根据工件的直径和材料改变速度，应在恒功率范围内使用，在轻载时采用高速可以提高生产率，只是应注意不要超过电动机和负载的容许最高速度。

做一做

了解了变频器的选型方法后，每个小组完成变频器的选型。

变频器容量的确定方式：_____

变频器容量为：_____

计算过程：

二、恒压供水系统变频器主电路和控制电路的设计

(一) 变频器外接主电路

变频器的外接电路是变频器接线端子和外围设备相连的电路，变频器的接线端子分为主
电路端子和控制电路端子。各变频器
的主电路端子相差不大，通常用 R、
S、T 表示交流电源的输出端，U、
V、W 表示变频器输出端，而不同品
牌的变频器控制端子差异较大。图
4-34 为变频器外接主电路，它由变
频器、断路器及接触器等构成。

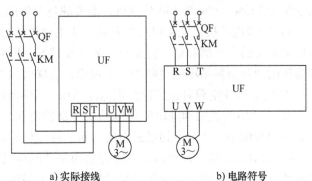

a) 实际接线   b) 电路符号

图 4-34   变频器的外接主电路

1. 断路器的主要功能

(1) 隔离作用 当变频器需要
检修，或因某种原因而长时间不用
时，将 QF 切断，使变频器电源
隔离。

(2) 保护作用 当变频器的输入侧发生短路等故障时，进行保护。

2. 接触器的主要功能

1) 可通过按钮方便地控制变频器的通电和断电。

2) 变频器发生故障时，可自动切断电源。

3) 由于变频器具有比较完善的过电流和过载保护功能，且断路器也具有
过电流保护功能，故进线侧可不必接熔断器。

(二) 和工频切换的主电路

1. 和工频切换的必要性

1) 在供水系统中，为了减少设备的投资费用，其工作过程是：由变频器控制 1#泵，实
现恒压供水；当频率为 49Hz 或 50Hz 而供水量不
足时，切换工频运行，由变频器运行起动 2#泵。
其切换控制的主电路如图 4-35 所示。

2) 某些生产机械是不允许停机的。

2. 电路特点

1) 因为电动机具有在工频运行的可能性，
所以熔断器 FU、热继电器 FR 不能省略。

2) 在进行控制时，变频器输出接触器 KM₂
和工频接触器 KM₃ 之间必须互锁。

(三) 主电路的选择

1. 断路器 (QF)

断路器都具有过电流保护功能，选用时一定
要考虑电路中是否存在正常过电流，以防止过电
流保护的误作用。在变频器单独控制电路中属于

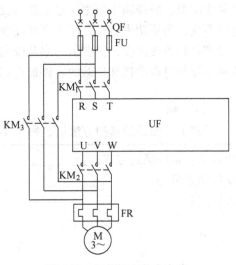

图 4-35   切换控制的主电路

正常过电流的情况有：变频器在刚接入电路中接通电源的瞬间，对电容器的充电电流可高达额定电流的 $2\sim3$ 倍；变频器的进线电流的脉冲电流，其峰值可超过额定电流。变频器允许的过载能力为 150%。

避免误超过额定电流，I_{QN} 应选

$$I_{QN} \geqslant 1.3I_N \tag{4-8}$$

式中　　I_{QN}——断路器的额定电流；

　　　　I_N——变频器的额定电流。

在切换控制的主电路中，因为电动机有可能在工频下运行，故应按电动机在工频电流下选择：

$$I_{QN} \geqslant 2.5I_{MN} \tag{4-9}$$

式中　I_{MN}——电动机的额定电流。

2. 接触器

（1）输入接触器（KM_1）　由于接触器自身并无保护功能，不存在误操作，故主触点的额定电流 I_{KN} 应大于或等于额定电流，即

$$I_{KN} \geqslant I_N \tag{4-10}$$

式中　I_{KN}——接触器的额定电流。

（2）输出接触器（KM_2）　因为输出接触器的输出电流中含有较强的谐波成分，其有效值应略大于工频运行时的有效值，故主触点的额定电流 I_{KN} 应满足

$$I_{KN} \geqslant 1.1I_{MN}$$

3. 主电路线径的选择

1）电源与变频器之间的导线与同容量的普通电动机的导线选择相同。

2）主电路线径的选择，最关键的因素就是线路的电压 ΔU 的影响：

$$\Delta U \leqslant 2\%U_N$$

ΔU 的计算公式是

$$\Delta U = \frac{\sqrt{3}I_{MN}R_0L}{1000} \tag{4-11}$$

式中　ΔU——容许线间电压降（V）；

　　　I_{MN}——电动机的额定电流（A）；

　　　R_0——单位长度导线的电阻（Ω/m）；

　　　L——导线的长度（m）。

（四）保护电路

1. 熔断器（FU）

可仿照低压断路器的选择来选。

2. 热继电器（FR）

热继电器发热元件的额定电流为

$$I_{RN} \geqslant 1.1I_{MN} \tag{4-12}$$

式中　I_{RN}——热继电器的额定电流。

做一做

　　了解了变频器的外接主电路后，根据水泵恒压供水的要求，结合查找的资料，每个小组完成恒压供水系统变频器主电路和控制电路的设计。

恒压供水系统变频器主电路设计：

恒压供水系统变频器控制电路设计：

【项目实现】

　　各组学生对水泵电动机控制变频器参数、控制方式及电路接线形式设计完成后，下面进行变频器控制电路的安装与接线。

一、恒压供水系统变频器的安装

（一）变频器的环境设置

　　变频器属于精密仪器，为了确保变频器能长期、安全、稳定地工作，发挥其应有的性能，必须确保变频器的运行环境满足其要求。

　　变频器最好安装在室内，避免阳光直接照射。如果必须安装在室外，则要加装防雨水、防冰雹、防雾、防高温和防低温的装置。例如，要在我国东北地区的室外安装变频器时，一定要考虑冬天的加热。若变频器是断续运行的，则应用恒温装置保持环境为恒温；若变频器是长期运行的，则恒温装置应待机运行。如果在南方比较潮湿的地区使用变频器，必要时需要加装除湿器。在野外运行的变频器还要加设避雷器，以免遭雷击。要求所安装的墙壁不受振动，在不加装控制柜时，要求变频器安装在牢固的墙壁上，墙面材料应为钢板或其他非易燃的坚固材料。

变频器长期、可靠运行的环境条件如下：

（1）安装设置场所的要求条件

1）结构房或电气室应湿气少，无水浸。

2）无爆炸性、燃烧性或腐蚀性气体和液体，粉尘少。

3）有足够的空间，使变频装置容易安装，并便于维修检查。

4）应备有通风口或换气装置，以排出变频器产生的热量。

5）应与易受变频器产生的高次谐波和无线电干扰的装置分离。

6）若安装在室外，必须单独按照户外配电装置设置。

（2）周围温度条件　变频器的周围温度是指变频器端面附近的温度，运行中周围温度的容许值多为 0~40℃ 或 -10~50℃，应避免阳光直射。

1）安装环境上限温度：使用变频器安装柜时，要注意变频器安装柜柜体的通风。根据经验，变频器运行时，安装柜内的温度将比周围环境温度高出 10℃ 左右，所以上限温度多定为 50℃。全封闭结构、上限温度为 40℃ 的壁挂型变频器装入安装柜使用时，为了减小温升，可以装设厂家选用件，如装设通风板或者取掉单元外罩等。

2）安装环境下限温度：在不发生冻结的前提下，变频器周围下限温度多为 0℃ 或 -10℃。

（3）周围湿度条件　变频器要注意防止水或水蒸气直接进入变频器内，以免引起漏电，甚至打火、击穿。周围湿度过高，会使电气绝缘能力降低，金属部分腐蚀，因此，周围湿度的推荐值为 40%~80%。另外，变频器柜安装平面应高出水平地面 800mm 以上。如果受安装场所的限制，变频器不得已安装在湿度高的场所，变频器的柜体应尽量采用密封结构。为防止变频器停止时结露，有时装置需加对流加热器。

（4）周围气体条件　变频器在室内安装时，其围不应有腐蚀性、易燃、易爆的气体以及粉尘和油雾。当有腐蚀性气体时，很容易使金属部分产生锈蚀，影响变频器的长期运行。有易燃、易爆的气体时，由于开关、继电器等在电流通断过程中产生电火花，容易引燃、引爆气体，发生事故。另外，还要选择粉尘和油雾少的场所，以保证变频器安全运行。如果变频器周围存在粉尘和油雾，它们在变频器内附着、堆积将导致绝缘能力降低；对于强迫风冷的变频器，过滤器堵塞将引起变频器内温度异常上升，致使变频器不能稳定运行。

（5）海拔条件　变频器的安装场所一般在海拔 1000m 以下，超高则气压降低，容易使绝缘破坏。变频器的绝缘耐压一般以海拔 1000m 为基准，在 1500m 处降低 5%，在 3000m 处降低 20%。另外，海拔越高，冷却效果下降越多，因此必须注意温升。

（6）振动条件　变频器的耐振性因机种的不同而不同，振动超过变频器的容许值时，将产生部件紧固部分松动以及继电器和接触器等的可动部分的器件误动作等问题，往往导致变频器不能稳定运行。因此，设置场所的振动加速度多被限制在 $0.3g$ 以下。对于机床、船舶等事先能预测振动的场合，必须选择有耐振措施的机种，也可以采取一些防振措施，如加装隔振器或采用防振橡胶等。另外，在有振动的场所安装变频器，必须定期进行检查和加固。

（二）变频器的安装

变频器的效率一般为97%~98%，这就是说有2%~3%的电能转变为热能。变频器在工作时，其散热片的温度可达90℃。故安装底板与背面必须为耐热材料，还要保证不会有杂物进入变频器，以免造成短路或更大的故障。为了不使变频器内部温度升高，常采用的办法是通过冷却风扇把热量带走，一般来说，每带走1kW热量，所需要的风量约为0.1m³/s。

1. 常见的安装方式

（1）壁挂式安装　在安装环境允许的前提下，变频器可以直接靠墙安装。为了保证通风良好，还要求变频器与周围物体之间的距离符合下列要求：两侧距离≥100mm；上下距离≥150mm。

（2）柜内安装

1）柜外冷却方式：在较清洁的地方，可以将变频器本体安装在控制柜内，而将散热片留在柜外。这种方式可以通过散热片进行柜内空气之间的热传导，这样对柜内冷却能力要求就可以降低一些。

2）柜内冷却方式：对于不方便使用柜内冷却方式的，变频器连同其他散热片都要安装在柜内，此时应采用强制通风的方法来保证柜内的散热。通常在控制柜的柜顶加装抽风式冷却风扇，风扇的位置应尽量在变频器的正上方。

3）多台变频器的安装：当一个控制柜内安装有两台或者两台以上的变频器时，应尽量横向排列，以便散热。

2. 安装柜的要求

变频器安装柜的选择是正确使用变频器的重要环节，考虑到柜内温度的增加，不得将变频器存放于密封的小盒之中或在其周围堆置零件、热源等。柜内的温度保持不超过50℃。在柜内安装冷却（通风）扇时，应设计成冷却空气能通过热源部分。如变频器和风扇安装位置不正确，会导致变频器周围的温度超过规定数值。总之，要计算柜内所有电气装置的运行功率和散热功率、最大承受温度，综合考虑后确定安装柜的体积、柜体材料、散热方式及换流形式等。

（三）变频器的布线

1. 主电路的布线

在对主电路进行布线以前，应该首先检查一下电缆的线径是否符合要求。此外在进行布线时，还应该注意将主电路和控制电路的布线分开，并分别走线。在不得不经过同一接线口时，也应在两种电缆之间设置隔离墙，以防止控制线路受到动力线的干扰，造成变频器工作异常。

2. 控制电路的布线

在变频器中，主电路处理的信号为强电信号，而控制电路所处理的信号为弱电信号。因此在控制电路的布线方面应采取必要的措施避免主电路中高次谐波信号进入控制电路。

（1）模拟量控制线　模拟量控制线主要包括输入侧的频率给定信号线、输出侧的频率信号线、各种传感器的信号反馈线等。由于模拟量信号的抗干扰能力较差，因此必须采用屏蔽线。屏蔽层靠近变频器一侧应接变频器控制电路的公共端（COM或SD），而屏蔽层的另一端应悬空。

除采用屏蔽线外，对模拟量控制线的布线还要注意：

1）尽量远离主电路，至少在 100mm 以上。

2）尽量不和主电路交叉，如果要交叉应采用垂直交叉的方式。

（2）开关量控制线 开关量控制线主要包括正、反转起动，多档速度控制等的控制线。由于开关量信号抗干扰能力较强，在距离较近时，可以不使用屏蔽线，但同一信号的两根线必须绞在一起。开关量控制线的布线要领可参照模拟信号线。

当操作指令来自远方，需要控制线路较长时，如果直接用开关控制变频器，信号损失较大，可以采用中间继电器控制，即由开关控制中间继电器线圈，再由中间继电器的触点控制变频器的得电。

当由变频器的输出端子直接控制接触器和继电器时，在线圈两端必须接入浪涌电压吸收回路。交流电路常用阻容吸收，直流电路用反向二极管。

（3）接地线 变频器接地的主要目的是为了防止漏电及干扰的侵入或对外辐射。必须按电气设备技术标准和规定接地，采用实用牢固的接地桩。

对于单元型变频器，接地线可直接与变频器的接地端子连接。当变频器安装在配电柜内时，则与配电柜的接地端子或接地母线连接。不管哪一种情况，都不能经过其他装置的接地端子或接地母线，而必须直接与接地电极或接地母线连接。根据电气设备技术标准，接地线必须用直径 1.6mm 以上的软铜线。

可靠接地还有利于抗干扰，在进行布线时，应注意：

1）信号电压、电流回路（4~20mA，0~5V 或 1~5V）的电线取一点接地，接地线不作为传送信号的电路使用。

2）使用屏蔽导线时，要使用绝缘屏蔽导线，以免屏蔽金属与被接地的通道金属管接触。

3）电路的接地在变频器侧进行，应使用专设的接地端子，不得与其他的接地共用。

4）屏蔽导线的屏蔽层应与导线导体长度相同。导线在端子箱里进行中继时，应装设屏蔽端子并互相连接。

5）多台变频器安装在同一控制柜内时，每台变频器必须分别和接地线连接。

6）尽可能缩短接地线。

7）绝对避免和电焊机、变压器等强电设备共用接地电缆或接地极。此外接地电缆布线上也应与强电设备的接地电缆分开。

二、恒压供水系统变频器的预置

（一）各种频率参数

1. 给定频率和输出频率

（1）给定频率 给定频率指用户根据生产工艺的需求希望变频器输出的频率，通过外接电位器来完成。

（2）输出频率 输出频率即变频器实际输出的频率。当电动机所带的负载变化时，为使拖动系统稳定，此时变频器的输出频率会根据系统情况不断地被调整。因此输出频率是在给定频率附近经常变化的。从另一个角度来说，变频器的输出频率就是整个拖动系统的运行频率。

2. 基频及基频电压

（1）基频 基频也叫基本频率，用 f_b 表示，一般情况下以电动机的额定频率 f_N 作为 f_b 的给定值。

（2）基频电压 基频电压是指输出频率到达基频时，变频器的输出电压，基频电压通常取电动机的额定电压。

f_b、U_N 的关系如图 4-36 所示。

观察图 4-36 可以看到，在 $f_x < f_b$ 的范围内，变频器的输出电压变化和 f 的变化成正比（即 $U/f =$ 常数），转矩提升是在基本 U/f 曲线的基础上进行的，此段是电动机变频调速的恒转矩段。在 $f_x > f_b$ 的范围内，变频的输出电压维持不变，此时电动机具有恒功率的特性。

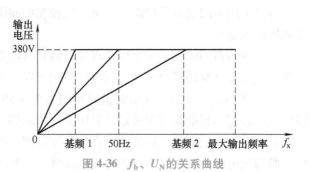

图 4-36 f_b、U_N 的关系曲线

3. 转矩提升

转矩提升值是指在频率 $f=0$ 时，补偿电压的值。在 U/f 控制时，有些变频器没有给出 U/f 控制曲线，而是让用户预置此值，以决定 U/f 值。

4. 上、下限频率

上、下限频率是指变频器输出的最高、最低频率，常用 f_H 和 f_L 来表示。根据拖动系统所带的负载不同，有时要对电动机的最高、最低转速给予限制，以保证拖动系统的安全和产品的质量，常用的方法就是给变频器的上、下限频率赋值。一般的变频器均可通过参数来预置其上、下限频率 f_H 和 f_L。当变频器的给定频率高于上限频率 f_H 或是低于下限频率 f_L 时，变频器的输出频率将被限制在 f_H 或 f_L。

5. 跳跃频率

跳跃频率也叫回避频率，是指不允许变频器连续输出的频率，常用 f_J 表示。由于生产机械运转时的振动是和转速有关系的，当电动机调到某一转速（变频器输出某一频率），机械振动的频率和它的固有频率一致时，就会发生谐振，此时对机械设备的损害是非常大的。为了避免机械谐振的发生，应当让拖动系统跳过谐振所对应的转速，所以变频器的输出频率就要跳过谐振转

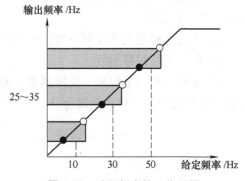

图 4-37 跳跃频率的工作区间

速所对应的频率。变频器在预置跳跃频率时通常采用预置一个跳跃区间，区间的下限是 f_{J1}，上限是 f_{J2}，如果给定频率处于 f_{J1}、f_{J2} 之间，变频器的输出频率将被限制在 f_{J1}。为方便用户使用，大部分的变频器都提供了 $2\sim3$ 个跳跃区间。跳跃频率的工作区间可用图 4-37 表示。

6. 点动频率

点动频率是指变频器在点动时的给定频率。生产机械在调试以及每次新的加工过程开始

前常需要进行点动，为防止意外，大多数点动运转的频率都较低。如果每次点动都需将给定频率修改成点动频率，是很麻烦的，所以一般的变频器都提供了预置点动频率的功能。如果预置了点动频率，每次点动时，只需要将变频器的运行模式切换至点动运行模式即可，不必再改动给定频率了。

7. 载波频率（PWM 频率）

PWM 变频器的输出电压是一系列脉冲，脉冲的宽度和间隔均不相等，其大小取决于调制波（基波）和载波（三角波）的交点。载波频率越高，一个周期内脉冲的个数越多，也就是说脉冲的频率越高，电流波形的平滑性就越好，但是对其他设备的干扰也越大。载波频率如果预置不合适，还会引起电动机铁心的振动而发出噪声，因此一般的变频器都提供了 PWM 频率调整的功能，使用户在一定范围内可以调节该频率，从而使得系统的噪声最小，波形平滑性最好，同时干扰也最小。

（二）加速和起动

变频起动时，起动频率可以很低，加速时间也可以自行给定，可以有效地解决起动电流大和机械冲击问题。一般的变频器都可给定加速时间和加速方式。

1. 加速时间

加速时间是指工作频率从 0Hz 上升至基本频率 f_b 需要的时间，各种变频器都提供了在一定范围内可任意给定加速时间的功能，用户可根据拖动系统的情况自行给定一个加速时间。

众所周知，加速时间越长，起动电流越小，起动也越平缓，但却延长了拖动系统的过渡过程。对于某些频繁起动的机械来说，将会降低生产效率。

因此，给定加速时间的基本原则是在电动机的起动电流不超过允许值的前提下，尽量地缩短加速时间。由于影响加速过程的因素是拖动系统的惯性（数值上用飞轮矩 GD^2 来表示），故系统的惯性越大，加速越难，加速时间应该长一些。但在具体操作过程中，由于计算非常复杂，可以将加速时间设得长一些，观察起动电流的大小，然后慢慢缩短加速时间。

2. 加速方式

不同生产机械对加速过程的要求是不同的，变频器根据各种负载的不同要求，给出了各种不同的加速曲线（模式）供用户选择。常见的曲线有线性方式、S 形方式和半 S 形方式。

（1）线性方式　在加速过程中，频率与时间呈线性关系，如图 4-38a 所示，如果没有什么特殊要求，一般的负载大都选用线性方式。

（2）S 形方式　此方式初始阶段加速较缓慢，中间阶段为线性加速，尾段加速度又逐渐为零，如图 4-38b 所示，这种曲线适用于带式输送机一类的负载。

（3）半 S 形方式　加速时一半为 S 形方式，另一半为线性方式，如图 4-38c、d 所示。对于风机和泵类负载，低速时负载较轻，加速过程可以快一些。随着转速的升高，其阻转矩迅速增加，加速过程应当减慢。

3. 起动频率

起动频率是指电动机开始起动时的频率，常用 f_s 表示。这个频率可以从 0 开始，但是对于惯性较大或是摩擦转矩较大的负载，需加大起动转矩。

给定起动频率的原则是：在起动电流不超过允许值的前提下，拖动系统能够顺利起动为宜。

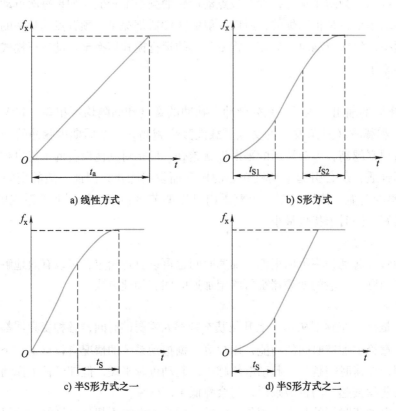

图 4-38　变频器加速方式曲线

（三）减速和制动

变频调速时，减速是通过逐步降低给定频率来实现的。在频率下降过程中，电动机将处于再生制动状态，如果拖动系统的惯性较大，频率下降又很快，电动机将处于强烈的再生制动状态，从而产生过电流和过电压，使变频器跳闸。

1. 减速时间

这个问题同加速时间和加速方式很相似，一般情况下，加、减速选择同样的时间，而加、减速方式要根据负载情况而定。

减速时间是指变频器的输出频率从基本频率 f_b 减至 0Hz 所需的时间。减速时间的给定方法同加速时间一样，其值的大小主要考虑系统的惯性。惯性越大，减速时间也越长。

2. 减速方式

减速方式也有线性、S 形和半 S 形等三种方式。

（四）变频器的功能预置

1. 运行模式选择

运行模式是指变频器运行时，频率信号和起动信号从哪里给出。根据给出位置的不同，运行模式主要可分为面板操作、外部操作和通信控制。前两种在实验操作中有做过详细介绍，后者的给定信号来自变频器的控制机中如 PLC、单片机、PC 等。给定起动信号是指变频器经过功能参数预置和运行模式的选择后，已做好了运行准备，只要给定信号一到，变频器就可以按照预置的参数运行。

2. 外接给定信号

从外接输入端子输入频率给定信号，来调节变频器输出频率的大小，称为外部给定，或远控给定。频率给定信号为数字量，这种给定方式的频率精度很高，可达给定频率的0.01‰以内。主要的外部给定方式有：

（1）外接模拟量给定 通过外接给定端子从变频器外部输入模拟量信号（电压或电流）进行给定，并通过调节给定信号的大小来调节变频器的输出频率。模拟量给定信号的种类有电压信号和电流信号。电压信号是以电压大小作为给定信号，给定信号的范围有 0~10V、2~10V、0~±10V、0~5V、1~5V、0~±5V 等。电流信号是以电流大小作为给定信号，给定信号的范围有 0~20mA、4~20mA 等。

（2）外接数字量给定 通过外接开关量端子输入开关信号进行给定。

（3）外接脉冲给定 通过外接端子输入脉冲序列进行给定。

（4）通信给定 由 PLC 或计算机通过通信接口进行频率给定。

3. 选择给定方式

（1）面板给定和外接给定 优先选择面板给定，因为变频器的操作面板包括键盘和显示屏，而显示屏的显示功能十分齐全。例如，可显示运行过程中的各种参数，以及故障码等。但由于受连接线长度的限制，控制面板与变频器之间的距离不能过长。面板给定方式示意图如图 4-39 所示。

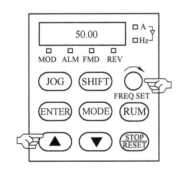 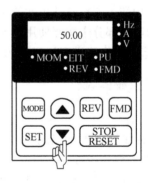

图 4-39 面板给定方式

（2）数字量给定与模拟量给定 优先选择数字量给定，因为数字量给定时频率精度较高。数字量给定通常用触点操作，非但不易损坏，且抗干扰能力强。

电压信号与电流信号中优先选择电流信号，因为电流信号在传输过程中，不受线路电压降、接触电阻及其压降、杂散的热电效应以及感应噪声等的影响，抗干扰能力较强。

但由于电流信号电路比较复杂，故在距离不远的情况下，仍以选用电压给定方式居多。

做一做

了解了变频器的参数及功能预置后，根据水泵恒压供水的要求，结合查找的资料，每个小组完成变频器参数及功能预置的流程图。

变频器参数及功能预置流程图：

三、变频器控制电路的安装

安装前要检查变频器的型号、规格是否有误，随机附件及说明书是否齐全，还要检查外观是否有破损、缺陷，零部件是否有松动；端子之间、外露导电部分是否有断路、接地现象。特别需要检查是否有下述接线错误：

1）输出端子（U、V、W）误接电源线。

2）制动单元用端子误接制动单元放电电阻以外的导线。

3）屏蔽线的屏蔽部分未按照使用说明书的规定正确连接。

变频器外部运行操作接线图如图 4-40 所示。

四、变频器系统的调试

（一）通电与预置

一台新变频器在通电时可先不接电动机，而先进行各种功能参数的设置。

1）把变频器的接地端子接地并将其电源输入端子经过剩余电流断路器接到电源上。

2）熟悉操作面板，了解面板上各按键的功能，进行试操作，并观察显示屏的变化情况。

3）熟悉变频器的起动、停止等操作，观察变频器的工作情况是否正常，进一步熟悉操作。

4）进行功能预置，按变频器说明书上介绍的"功能预置方法和步骤"进行所需功能码的设置。预置完毕，先通过几个较容易观察的项目，如加速时间、减速时间、点动频率、多档度等检查变频器执行情况，判断其是否与预置

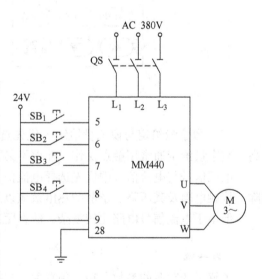

图 4-40　外部运行操作接线图

的相吻合。

5）将外接输入控制线接好，逐项检查外接控制功能的执行情况。

6）检查三相输出电压是否平衡，如果出现不平衡，除了逆变器各相大功率开关器件的管压降不一致外，主要是由于三相电压 PWM 波半个周期中的脉冲个数、占空比及分布不同而引起的。由 GTR（BJT）所构成的逆变器由于载波（开关频率）低，在低频阶段半个周期的脉冲个数少，这些因素的存在会造成各相输出电压不对称。而由 IGBT 或 MOSFET 构成的逆变器载波（开关频率）高，对其输出电压影响不大。从这个角度讲，IGBT 逆变器比 GTR（BJT）逆变器性能优越。

（二）变频器调试

1. MM440 变频器的参数说明

MM440 变频器有两种参数类型：以字母"P"开头的参数为用户可改动的参数；以字母"r"开头的参数表示本参数为只读参数。所有参数分成命令参数组（CDS），与电动机、负载相关的驱动参数组（DDS）和其他参数组三大类，每个参数组又分为三组，默认状态下使用的当前参数组是第 0 组参数，即 CDS0 和 DDS0。

2. MM440 变频器的参数调试

（1）参数复位　它指将变频器参数恢复到出厂状态下的默认值的操作。一般在变频器出厂和参数出现混乱的时候进行此操作。

（2）快速调试　用户输入电动机的相关参数和一些基本驱动控制参数，使变频器可以良好地驱动电动机运转。一般在复位操作或更换电动机后，需要进行此操作。

P0010 的参数过滤功能和 P0003 选择用户访问级别的功能在调试时是十分重要的，此时可以选定一组允许进行快速调试的参数。电动机的设定参数和斜坡函数的设定参数都包括在内。在快速调试的各步骤都完成以后，应选定 P3900，如果它被置为 1，则将执行必要的计算，并使其他所有的参数（P0010＝1 不包括在内）恢复为默认设置值。只有在快速调试方式下才进行这一操作。

快速调试的流程见表 4-7。

表 4-7　MM440 变频器的快速调试流程

参数号	参数描述	推荐值
P0003	设置用户参数访问级 ＝1,标准值(只需设置最基本的参数) ＝2,扩展级 ＝3,专家级	3
P0010	快速调试 注意:只有在 P0010＝1 时,电动机的主要参数才能被修改,如 P0304、P0305 等;只有在 P0010＝0 时,变频器才能运行	1
P0100	选择电动机的功率单位和电网频率 ＝0,单位为 kW,频率为 50Hz ＝1,单位为 hp,频率为 60Hz ＝2,单位为 kW,频率为 60Hz	0
P0205	变频器应用领域 ＝0,恒转矩(压缩机、传送带等) ＝1,变转矩(风机、泵类等)	0

（续）

参数号	参 数 描 述	推荐值
P0300[0]	选择电动机类型 =1,异步电动机 =2,同步电动机	1
P0304[0]	电动机额定电压 注意:电动机实际接线(星/三角)	根据电动机铭牌
P0305[0]	电动机额定电流 注意:电动机实际接线(星/三角)。如果驱动多台电动机,P0305 的值要大 于电流总和	根据电动机铭牌
P0307[0]	电动机额定功率 =0 或 2,单位为 kW =1,单位为 hp	根据电动机铭牌
P0308[0]	电动机功率因数	根据电动机铭牌
P0309[0]	电动机额定效率 =0,变频器自动计算电动机效率 注意:P0100=0 看不到此参数	根据电动机铭牌
P0310[0]	电动机额定频率 通常为 50/60Hz,若为非标准电动机,可以根据电动机铭牌修改	根据电动机铭牌
P0311[0]	电动机额定速度 矢量控制方式下必须准确设置此参数	根据电动机铭牌
P0320[0]	电动机磁化电流 通常取默认值	0
P0335[0]	电动机冷却方式 =0,利用电动机轴上风扇自冷却 =1,利用独立的风扇进行强制冷却	0
P0640[0]	电动机过载因子 以电动机额定电流的百分比来限制电动机的过载电流	150
P0700[0]	选择命令给定源(起动/停止) =1,BOP(操作面板) =2,I/O 端子控制 =4,经过 BOP 链路(RS232)的 USS 控制 =5,通过 COM 链路(端子 29、30) =6,PROFIBUS(CB 通信板) 注意:改变 P0700 设置,将复位所有的数字输入输出至出厂设定	2
P1000[0]	设置频率给定源 =1,BOP 电动电位计给定(面板) =2,模拟输入 1 通道(端子 3、4) =3,固定频率 =4,BOP 链路的 USS 控制 =5,COM 链路 USS(端子 29、30) =6,PROFIBUS(CB 通信板) =7,模拟输入,2 通道(端子 10、11)	2
P1080[0]	电动机运行的最小频率	0
P1082[0]	电动机运行的最大频率	50
P1120[0]	电动机从静止状态加速到最大频率所需时间(斜坡上升时间)	10
P1121[0]	电动机从最大频率降速到静止状态所需时间(斜坡下降时间)	10

（续）

参数号	参数描述	推荐值
P1300[0]	控制方式选择 =0,线性 U/f,要求电动机的压频比准确 =2,二次方曲线的 U/f 控制 =20,无传感器矢量控制 =21,带传感器矢量控制	0
P3900	结束快速调试 =1,电动机数据计算,并将快速调试以外的参数恢复到工厂设定 =2,电动机数据计算,并将 I/O 恢复到工厂设定 =3,电动机数据计算,其他参数不进行工厂复位	3
P1910	=1,能使电动机识别,出现 A0541 报警,马上起动变频器	1

（3）功能调试　用户按具体生产工艺的需要进行设置操作。

接通断路器 QS,在变频器通电的情况下,完成相关参数设置,具体设置见表 4-8。

各小组完成变频器参数设置后填写表 4-9 所列项目实现工作记录单。

表 4-8　变频器参数设置

参数号	出厂值	设置值	说　明
P0003	1	1	设用户访问级为标准级
P0004	0	7	命令和数字 I/O
P0700	2	2	命令源选择"由端子排输入"
P0003	1	2	设用户访问级为扩展级
P0004	0	7	命令和数字 I/O
P0701	1	1	ON 接通正转,OFF 停止
P0702	1	2	ON 接通反转,OFF 停止
P0703	9	10	正向点动
P0704	15	11	反转点动
P0003	1	1	设用户访问级为标准级
P0004	0	10	设定值通道和斜坡函数发生器
P1000	2	1	由键盘(电动电位计)输入设定值
P1080	0	0	电动机运行的最小频率(Hz)
P1082	50	50	电动机运行的最大频率(Hz)
P1120	10	5	斜坡上升时间(s)
P1121	10	5	斜坡下降时间(s)
P0003	1	2	设用户访问级为扩展级
P0004	0	10	设定值通道和斜坡函数发生器
P1040	5	20	设定键盘控制的频率值
P1058	5	10	正向点动频率(Hz)
P1059	5	10	反向点动频率(Hz)
P1060	10	5	点动斜坡上升时间(s)
P1061	10	5	点动斜坡下降时间(s)

表 4-9　项目实现工作记录单

课程名称	电机与变频器安装和维护		总学时:80 学时
项目名称	变频恒压供水系统的运行维护		参考学时:24 学时
班级	组长	小组成员	
项目工作情况			
项目实现遇到的问题			
相关资料及资源			
工具及仪表			

 【项目运行】

一、变频器的运行

1. 正向运行

当按下正向运行起动按钮时，变频器数字端口"5"为 ON，电动机按 P1120 所设置的 5s 斜坡上升时间正向起动运行，经 5s 后稳定运行在 560r/min 的转速上，此转速与 P1040 所设置的 20Hz 对应。放开按钮，变频器数字端口"5"为 OFF，电动机按 P1121 所设置的 5s 斜坡下降时间停止运行。

2. 反向运行

当按下反向运行起动按钮时，变频器数字端口"6"为 ON，电动机按 P1120 所设置的 5s 斜坡上升时间正向起动运行，经 5s 后稳定运行在 560r/min 的转速上，此转速与 P1040 所设置的 20Hz 对应。放开按钮，变频器数字端口"6"为 OFF，电动机按 P1121 所设置的 5s 斜坡下降时间停止运行。

3. 电动机的点动运行

（1）正向点动运行　当按下正向点动运行起动按钮时，变频器数字端口"7"为 ON，电动机按 P1060 所设置的 5s 点动斜坡上升时间正向起动运行，经 5s 后稳定运行在 280r/min 的转速上，此转速与 P1058 所设置的 10Hz 对应。放开按钮，变频器数字端口"7"为 OFF，电动机按 P1061 所设置的 5s 点动斜坡下降时间停止运行。

（2）反向点动运行　当按下反向点动运行起动按钮时，变频器数字端口"8"为 ON，电动机按 P1060 所设置的 5s 点动斜坡上升时间正向起动运行，经 5s 后稳定运行在 280r/min 的转速上，此转速与 P1059 所设置的 10Hz 对应。放开按钮，变频器数字端口"8"为 OFF，电动机按 P1061 所设置的 5s 点动斜坡下降时间停止运行。

4. 电动机的速度调节

分别更改 P1040 和 P1058、P1059 的值，按以上步骤操作过程，就可以改变电动机正常运行速度和正、反向点动运行速度。

5. 电动机实际转速测定

电动机运行过程中，利用激光测速仪或者转速测试表，可以直接测量电动机实际运行速度，当电动机处在空载、轻载或者重载时，实际运行速度会根据负载的轻重略有变化。

二、变频器的维护

变频器的日常维护与保养是变频器安全工作的保障，日常维护与保养工作做得好，问题可以及时发现和处理，可使变频器长期工作在最佳状态，减少停机故障的发生，提高变频器的使用效率。

（一）变频器的日常检查

变频器在日常运行中，可以通过耳听、目测、触感和气味等判断变频器的运行状态。一般巡视的内容有：

1）周围环境、温度、湿度是否符合要求。

2）变频器的进风口和出风口有无积尘，是否被积尘堵死。

3）变频器的噪声、振动、气味是否在正常范围之内。

4）变频器运行参数及面板显示是否正常。

（二）变频器的防尘措施

变频器在工作时产生的热量靠自身的风扇强制制冷。空气通过散热通道时，空气中的尘埃容易附着或堆积在变频器内的电子元器件上，从而影响散热。当温度超过允许工作点时，会造成跳闸，严重时会缩短变频器的寿命。在变频器内电子元器件与风道无隔离的情况下，由尘埃引起的故障更为普遍。因此，变频器的防尘问题应引起重视，下面介绍几种常用的防尘措施。

（1）设计专门的变频器室　当使用的变频器功率较大或数量较多时，可以设计专门的变频器室。房间的门窗和电缆穿墙孔要求密封，防止粉尘侵入；要设计空气过滤装置和循环通道，以保持室内空气正常流通；保证室内温度在40℃以下。这样用于统一管理，有利于检查维护。

（2）将变频器安装在设有风机和过滤装置的柜子里　当用户没有条件设立专用变频器室时，可以考虑制作变频器防尘柜。设计的风机和过滤网要保证柜内有足够的空气流量。用户要定期检查风机，清除过滤网上的灰尘，防止因通风量不足而使温度增高以致超过规定值。

（3）选用防尘能力较强的变频器　市场上变频器的规格型号很多，选择时，除了考虑价格和性能外，还应考虑变频器对环境的适应性。有些变频器没有冷却风机，仅靠其壳体在空气中自然散热，与风冷式变频器相比，尽管体积较大，但器件的密封性能好，不受粉尘影响，维护简单，故障率低，工作寿命长，特别适合于有腐蚀性工业气体和粉尘的场合使用。

（4）减少变频器的空载运行时间　通用变频器在工业生产过程中，一般都是经常接通电源，通过变频器的"正转/反转/公共端"控制端子（或控制面板上的按键），来控制电动机的起动/停止和旋转方向。一些设备可能时开时停，变频器空载时风扇仍在运行，会吸附粉尘，这是不必要的。生产操作过程中，应尽量减少变频器的空载时间，以降低粉尘对变频器的影响。

（5）建立定期除尘制度　用户应根据粉尘对变频器的影响情况，确定定期除尘的时间间隔。除尘可采用电动吸尘器或压缩空气吹扫。除尘之后，还要注意检查变频器风机的转动情况，检查电气连接点是否松动发热。

（三）变频器的定期维护与保养

通常低压小型变频器是指工作在电网 380V（220V）上的小功率变频器，多以垂直壁挂形式安装在控制柜内，其定期维护与保养主要包括：

（1）定期检查除尘　变频器工作时，由于风扇散热及元器件的静电吸附作用，很容易在变频器的内部及通风口积尘。积尘能导致变频器散热不良，内部温度升高，降低变频器的使用寿命或引起过热跳闸，视积尘情况要定期进行除尘工作。除尘时要先断开电源，等待变频器的储能电容放电后才能打开机盖，用毛刷或压缩空气对积尘进行清理。

（2）定期检查电路的主要参数　变频器的一些主要参数是否在规定的范围内，是变频器安全运行的标志，如主电路和控制电路的电压是否正常；滤波电容是否漏液及容量是否下降等。

（3）定期检查变频器的外围电路　主要包括检查制动电阻、电抗器、继电器、接触器等工作是否正常，连接导线有无松动，柜中风扇是否正常，风道是否畅通。

（4）根据维护信息判断元器件的寿命　变频器主电路的滤波电容随着使用时间的增长，其容量也慢慢下降，当下降到初始容量的 85% 即需更换。通风风扇当使用时间超过300000h，也需要更换。

（四）变频器的故障处理

变频器工作中会出现各式各样的故障，若属于变频器保护性故障，可以通过变频器的面板故障提示加以解决；若故障是由于硬件原因，则需要专业人员进行修理。

（五）变频调速系统故障原因分析

1. 过电流跳闸的原因分析

（1）重新起动时，一升速就跳闸　这是过电流十分严重的表现，主要原因有：

1）负载侧短路。

2）工作机械卡住。

3）逆变管损坏。

4）电动机起动转矩过小，拖动系统转不起来。

（2）重新起动时并不立即跳闸，而是在运行过程（包括升速和降速运行）中跳闸　可能的原因有：

1）升速时间设定太短。

2）降速时间设定太短。

3）转矩补偿（U/f 值）设定较大，引起低频时空载电流过大。

4）电子热继电器整定不当，动作电流设定得太小，引起误动作。

2. 电压跳闸的原因分析

（1）过电压跳闸　主要原因有：

1）电源电压过高。

2）降速过程中，再生制动的放电单元工作不理想。若来不及放电，应增加外接制动电阻和制动单元。也可能是放电支路发生故障，实际并不放电。

（2）欠电压跳闸　可能的原因有：

1）电源电压过低。

2）电源断相。

3）整流桥故障。

3. 电动机不转的原因分析

（1）功能预置不当

1）上限频率与基本频率的预置值矛盾，上限频率必须大于基本频率的预置。

2）使用外接给定时，未对"键盘给定/外接给定"的选择进行预置。

3）其他不合理预置。

（2）在使用外接给定方式时，起动信号无法接通　当使用外接给定信号时，必须由起动按钮或其他触点来控制其起动。如果不需要由起动按钮或其他触点来控制，应将 RUN 端（或 FWD 端）与 COM（SD）端短接。

（3）其他原因

1）机械有卡住现象。

2）电动机的起动转矩不够。

3）变频器的电路故障。

各小组填写表 4-10 所示故障检查维修记录单以及表 4-11 所示项目运行记录单。

表 4-10　故障检查维修记录单

项目名称		检修组别	
检修人员		检修日期	
故障现象			
发现的问题分析			
故障原因			
排除故障的方法			
所需工具和设备			
工作负责人签字			

表 4-11　项目运行记录单

课程名称	电机与变频器安装和维护			总学时:80 学时	
项目四	变频恒压供水系统的运行维护			参考学时:24 学时	
班级		组长		小组成员	
项目运行中出现的问题					
项目运行时故障点					
调试时运行是否正常					
备注					

三、项目验收

项目完成后，应对各组完成情况进行验收和评定，具体验收指标包括：

1) 方案设计。

2) 绘制参数设置流程图。

3) 水泵电动机变频控制电路接线。

4) 通电调试。

5) 安全文明生产。

变频恒压供水系统的运行维护项目评分标准见表4-12。

表4-12 项目评分标准

测评内容	配分	评分标准	得分	分项总分
变频器的接线	30	能正确使用工具和仪表,按照电路图正确接线(30分)		
变频器的参数设置	30	能根据任务要求正确设置变频器参数(30分)		
变频器调试运行	20	调试方法正确(20分)		
安全文明操作	20	遵守安全生产规程(20分)		
合计总分				

【知识拓展】

变频器安全操作规程

一、使用维护

1) 操作人员必须通晓和遵守《电工安全操作规程》的有关规则。

2) 操作人员必须具备的资格：

① 具备相应的自动控制知识、变频器原理，有一定的工作经验。

② 通晓交流电动机的工作原理、变频调速方法及其机械特性基础知识。

③ 通晓电子技术知识，经培训合格。

3) 操作人员对装置操作时，应注意以下几点：

① 必须遵守变频器有关规定方可操作，否则会造成严重的人身伤害或重大的财产损失。

② 输入电源只允许永久性紧固连接，设备必须接地。

③ 即使变频器处于不工作状态，以下端子仍然可能带有危险电压。

● 电源端子 L/L_1、N/L_2、L_3 或 U_1/L_1、V_1/L_2、W_1/L_3。

● 连接电动机的端子 U、V、W 或 U_2/T_1、V_2/T_2、W_2/T_3。

● 端子 DC+/B+、DC-/B-、DC/R+或 C/L+、D/L-。

④ 在电源开关断开以后，必须等待 5min，待变频器放电完毕后，才允许开始检查、检修操作。

⑤ 本设备不可作为"紧急停车机构"使用。

⑥ 接地导体的最小截面积必须等于或大于供电电源电缆的截面积。

⑦ 连接到变频器的供电电源电缆、电动机电缆和控制电缆必须按照有关规定进行连接，避免由于变频器工作所造成的感性或容性干扰。

4）变频器运行的环境条件温度、湿度等要符合的要求：

① 不允许变频器掉到地上或遭受突然撞击，不允许安装在有可能经常受到振动的地方。变频器不得卧式（水平位置）安装，安装时要符合间隙要求。

② 禁止用高压绝缘测试设备测试与变频器连接的电缆的绝缘。

③ 变频器电磁干扰的保护不可缺少。

④ 柜内所有设备都要可靠接地，与变频器连接的任何控制设备均可靠接地。

⑤ 控制回路的连接线应采用屏蔽电缆，截断电缆端头时应尽可能整齐，保证未经屏蔽的线段尽可能短。

⑥ 控制电缆应远离供电电源线，使用单独的走线槽。在必须与电源线交叉时，相互应采取 90°直角。

5）变频器设置或修改参数

① 只有经过培训并认证合格的人员方可在操作面板上输入设定值或修改参数。任何时候都应注意遵守说明手册中要求采取的安全措施和给予的警告。

② 修改参数必须得到授权，要有车间负责人、电气技术人员的监护。

6）操作人员不得私自起动、停止变频器。

7）任何没有得到授权的操作人员、不具备资格的人员、非电气工作人员一律禁止操作。

二、变频器的日常巡检

认真做好变频器的日常巡视检查工作，巡视内容主要有：

1）周围的环境温度、湿度是否符合要求。

2）门窗通风散热是否良好。

3）变频器下进风口、上出风口是否积尘或因积尘过多而堵塞。

4）变频器运行参数是否正常，有无报警。

5）整流器、逆变器内风扇运行是否正常。

6）电抗器是否过热或出现电磁噪声。

7）变频器内是否有振动或异常声音。

8）电容器是否出现局部过热。

9）外观有无鼓泡或变形。

10）安全阀是否破裂。

三、变频器的日常维护保养及其检修工作

1）定期（三个月）对变频器进行除尘。重点是对整流柜、逆变器柜和控制柜，必要时可将整流模块、逆变模块和控制柜内的线路板拆出后进行除尘。变频器下进风口、上出风口是否积尘或因积尘过多而堵塞。变频器因本身散热要求通风量大，故运行一定时间以后，表面积尘十分严重，须定期清洁除尘。

2）将变频器面板打开，仔细检查交、直流母线有无变形、腐蚀、氧化，母线连接处螺钉有无松脱，各安装固定点处紧固螺钉有无松脱，固定用绝缘片或绝缘柱有无老化开裂或变形。如有，应及时更换、重新紧固，对已发生变形的母线须校正后重新安装。

3）对电路板、母线等除尘后，进行必要的防腐处理，涂刷绝缘漆。对已出现局部放电、拉弧的母线必须去除毛刺后再进行处理。对已绝缘损坏的绝缘板进行绝缘处理后，紧固并测试绝缘，认为合格后方可投入使用。

4）风扇运行是否正常，必要时需维修或更换。

5）检查输入侧熔断器，若有烧毁应及时更换。

6）检查电容器是否正常，有条件的可对电容容量、漏电流耐压等进行测试，对不符合要求的进行更换。

7）对整流、逆变部分的二极管等用万用表进行电气检测。测定其正向电阻值、反向电阻值，并制订表格做好记录。看各极间阻值是否正常、同一型号的器件一致性是否良好，必要时更换。

8）对进线侧主接触器和其他辅助接触器进行检查，必要时更换。

9）仔细检查端子排有无老化、松脱，是否存在短路隐形故障，接线是否牢固，各电路板接插头接插是否牢固，进出主电源线连接是否可靠，连接处有无发热氧化现象，接地是否良好。

10）电抗器有无异常，电气性能是否正常。

四、变频器常见故障维修

1）查询、阅读报警、故障信息，对照使用大全检查故障点，处理后恢复使用。

2）故障检查或维修时，注意需先切断电源，且须等断电 5min 后方可打开检查维修。维修处理故障之前，需对变频器的工作原理、结构、器件组成、功能等有深入的了解和认识，找到故障的真正原因。必要时，可对相关元器件或电路板进行有针对性的替代，以排除故障，但替代前，需确保其余部件工作正常，且无其他故障存在，以防止故障扩大或损坏新替代的器件。处理故障前，应注意查看值班故障记录及故障前变频器的运行记录，包括电流、转速等，以便于故障的分析检查。

 【工程训练】

1. 某空气压缩机实行变频调速时，所购压力变送器的量程为 0~1.6MPa，实际需要压力为 0.4MPa，在进行 PID 控制时的目标值应如何给定？

2. 某水泵向水塔供水，电动机功率为 5.5kW，泵水时负荷率为 90%，原拖动系统有水位控制装置，每次从低水位泵水至高水位约 1h，现采用变频技术，泵水的最低频率为 32Hz。

（1）分析变频后的节能效果？

（2）设计变频恒压供水的主电路和控制电路。

附 录

附录 A　MM440 系列通用变频器功能参数表

本附录表格中的信息说明如下：

默认值——工厂设置值；Level——用户参数访问级；DS——变频器的状态（传动装置的状态），表示参数的数值可以在变频器的这种状态下进行修改（参看 P0010）；C——调试；U——运行；T——运行准备就绪；QC——快速调试；Q——可以在快速调试状态下修改参数；N——在快速调试状态下不能修改参数。

1. 常用参数（见表 A-1）

表 A-1　常用参数

参数号	参数名称	默认值	Level	DS	QC
r0000	驱动装置只读参数的显示值	—	1	—	—
P0003	用户参数访问级	1	—	CUT	N
P0004	参数过滤器	0	1	CUT	N
P0010	调试用的参数过滤器	0	1	CT	N
P0014[3]	存储方式	0	3	UT	N
P0199	设备的系统序号	0	2	UT	N

2. 快速调试参数（见表 A-2）

表 A-2　快速调试参数

参数号	参数名称	默认值	Level	DS	QC
P0100	适用于欧洲/北美地区	0	1	C	Q
P3900	快速调试结束	0	1	C	Q

3. 复位参数（见表 A-3）

表 A-3　复位参数

参数号	参数名称	默认值	Level	DS	QC
P0970	复位为工厂设定值	0	1	C	N

4. 技术应用功能参数（见表 A-4）

表 A-4　技术应用功能参数

参数号	参数名称	默认值	Level	DS	QC
P0500[3]	技术应用	0	3	CT	Q

5. 变频器参数（P0004＝2）（见表 A-5）

表 A-5　变频器参数

参数号	参数名称	默认值	Level	DS	QC
r0018	硬件的版本	—	1	—	—
r0026[1]	CO:直流回路电压实际值	—	2	—	—
r0037[5]	CO:变频器温度(℃)	—	3	—	—
r0039	CO:能量消耗计量表(kW·h)	—	2	—	—
P0040	能量消耗计量表清零	0	2	CT	N
r0070	CO:直流回路电压实际值	—	3	—	—
r0200	功率组合件的实际标号	—	3	—	—
P0201	功率组合件的标号	0	3	C	N
r0203	变频器的实际标号	—	3	—	—
r0204	功率组合件的特征	—	3	—	—
P0205	变频器的应用领域	0	3	C	Q
r0206	变频器的额定功率(kW 或 hp)	—	2	—	—
r0207	变频器的额定电流	—	2	—	—
r0208	变频器的额定电压	—	2	—	—
r0209	变频器的最大电流	—	2	—	—
P0210	电源电压	230	3	CT	N
r0231[2]	电缆的最大长度	—	3	—	—
P0290	变频器的过载保护	2	3	CT	N
P0292	变频器的过载报警信号	15	3	CUT	N
P1800	脉宽调制频率	4	2	CUT	N
R1801	CO:脉宽调制的开关频率实际值	—	3	—	—
P1802	调制方式	0	3	CUT	N
P1820[3]	输出相序反向	0	2	CT	N
P1911	自动测定识别的相数	3	2	CT	N
r1925	自动测定的 IGBT 通态电压	—	2	—	—
r1926	自动测定的门控单元死时	—	2	—	—

6. 电动机参数（P0004＝3）（见表 A-6）

表 A-6　电动机参数

参数号	参数名称	默认值	Level	DS	QC
r0035[3]	CO:电动机温度的实际值	—	2	—	—
P0300[3]	选择电动机类型	1	2	C	Q
P0304[3]	电动机的额定电压	230	1	C	Q
P0305[3]	电动机的额定电流	3.25	1	C	Q
P0307[3]	电动机的额定功率	0.75	1	C	Q
P0308[3]	电动机的额定功率因数	0.000	2	C	Q
P0309[3]	电动机的额定效率	0.0	2	C	Q
P0310[3]	电动机的额定频率	50.00	1	C	Q
P0311[3]	电动机的额定速度	0	1	C	Q

（续）

参数号	参数名称	默认值	Level	DS	QC
r0313[3]	电动机的极对数	—	3	—	—
P0320[3]	电动机的磁化电流	0.0	3	CT	Q
r0330[3]	电动机的额定转差	—	3	—	—
r0331[3]	电动机的额定磁化电流	—	3	—	—
r0332[3]	电动机的额定功率因数	—	3	—	—
r0333[3]	电动机的额定转矩	—	3	—	—
P0335[3]	电动机的冷却方式	0	2	CT	Q
P0340[3]	电动机参数的计算	0	2	CT	N
P0341[3]	电动机的转动惯量（kg·m²）	0.00180	3	CUT	N
P0342[3]	总惯量/电动机惯量	1.000	3	CUT	N
P0344[3]	电动机的质量	9.4	3	CUT	N
r0345[3]	电动机起动时间	—	3	—	—
P0346[3]	磁化时间	1.000	3	CUT	N
P0347[3]	去磁时间	1.000	3	CUT	N
P0350[3]	定子电阻（线间）	4.0	2	CUT	
P0352[3]	电缆电阻	0.0	3	CUT	N
r0384[3]	转子时间常数	—	3	—	—
r0395	CO:定子总电阻（%）	—	3	—	—
r0396	CO:转子电阻实际值	—	3	—	—
P0601[3]	电动机的温度传感器	0	2	CUT	N
P0604[3]	电动机温度保护动作的门限值	130.0	2	CUT	N
P0610[3]	电动机 I^2t 温度保护	2	3	CT	N
P0625[3]	电动机运行的环境温度	20.0	3	CUT	N
P0640[3]	电动机的过载因子（%）	150.0	2	CUT	Q
P1910	选择电动机数据是否自动测定	0	2	CT	Q
r1912[3]	自动测定的定子电阻	—	2	—	—
r1913[3]	自动测定的转子时间常数	—	2	—	—
r1914[3]	自动测定的总泄漏电感	—	2	—	—
r1915[3]	自动测定的额定定子电感	—	2	—	—
r1916[3]	自动测定的定子电感1	1	—	2	—
r1917[3]	自动测定的定子电感2	2	—	2	—
r1918[3]	自动测定的定子电感3	3	—	2	—
r1919[3]	自动测定的定子电感4	4	—	2	—
r1920[3]	自动测定的动态泄漏电感	—	2	—	—
P1960	速度控制的优化	0	3	CT	Q

7. 命令和数字 I/O 参数（P004＝7）（见表 A-7）

表 A-7　命令和数字 I/O 参数

参数号	参数名称	默认值	Level	DS	QC
r0002	驱动装置的状态	2	—	—	—
r0019	CO/BO BOP 控制字	—	3	—	—
r0050	CO 激活的命令数据组	—	2	—	—
r0051[2]	CO 激活的驱动数据组	—	2	—	—
r0052	NCO/BO 激活的状态字 1	—	2	—	—
r0053	CO/BO 激活的状态字 2	—	2	—	—
r0054	CO/BO 激活的控制字	—	3	—	—
r0055	CO/BO 激活的辅助控制字	—	3	—	—
r0403	CO/BO 编码器的状态字	—	2	—	—
P0700[3]	选择命令源	2	1	CT	Q
P0701[3]	选择数字输入 1 的功能	1	2	CT	N
P0702[3]	选择数字输入 2 的功能	12	2	CT	N
P0703[3]	选择数字输入 3 的功能	9	2	CT	N
P0704[3]	选择数字输入 4 的功能	15	2	CT	N
P0705[3]	选择数字输入 5 的功能	15	2	CT	N
P0706[3]	选择数字输入 6 的功能	15	2	CT	N
P0707[3]	选择数字输入 7 的功能	0	2	CT	N
P0708[3]	选择数字输入 8 的功能	0	2	CT	N
P0719[3]	选择命令和频率设定值	0	3	CT	N
r0720	数字输入的数目	—	3	—	—
r0722	CO/BO 各个数字输入的状态	—	2	—	—
P0724	开关量输入的防颤动时间	3	3	CT	N
P0725	选择数字输入的 PNP/NPN 接线方式	1	3	CT	N
r0730	数字输出的数目	—	3	—	—
P0731[3]	BI 选择数字输出 1 的功能	52:3	2	CUT	N
P0732[3]	BI 选择数字输出 2 的功能	52:7	2	CUT	N
P0733[3]	B1 选择数字输出 3 的功能	0:0	2	CUT	N
r0747	CO/BO 各个数字输出的状态	—	3	—	—
P0748	数字输出反相	0	3CUT	N	—
P0800[3]	BI:下载参数组 0	0:0	3	CT	N
P0801[3]	BI:下载参数组 1	0:0	3	CT	N
P0809[3]	复制命令数据组	0	2	CT	N
P0810	BI:CDS 的位 0 本机/远程	0:0	2	CUT	Q
P0811	BI:CDS 的位 1	0:0	2	CUT	Q
P0819[3]	复制驱动装置数据组 0	2	CT	N	—

（续）

参数号	参数名称	默认值	Level	DS	QC
P0820	BI:DDS 位 0	0:0	3	CT	N
P0821	BI:DDS 位 1	0:0	3	CT	N
P0840[3]	BI:ON/OFF1	722:0	3	CT	N
P0842[3]	B1:ON/OFF1 反转方向	0:0	3	CT	N
P0844[3]	BI:1. OFF2	10	3	CT	N
P0845[3]	BI:2. OFF2	191	3	CT	N
P0848[3]	BI:1. OFF3	10	3	CT	N
P0849[3]	BI:2. OFF3	10	3	CT	N
P0852[3]	BI:脉冲使能	10	3	CT	N
P1020[3]	BI:固定频率选择位 0	0:0	3	CT	N
P1021[3]	B1:固定频率选择位 1	0:0	3	CT	N
P1022[3]	BI:固定频率选择位 2	0:0	3	CT	N
P1023[3]	BI:固定频率选择位 3	722:3	3	CT	N
P1026[3]	BI:固定频率选择位 4	722:4	3	CT	N
P1028[3]	BI:固定频率选择位 5	722:5	3	CT	N
P1035[3]	BI:使能 MOP（升速命令）	19:13	3	CT	N
P1036[3]	BI:使能 MOP（减速命令）	19:14	3	CT	N
P1055[3]	BI:使能正向点动	0:0	3	CT	N
P1056[3]	BI:使能反向点动	0:0	3	CT	N
P1074[3]	BI:禁止辅助设定值	0:0	3	CT	N
P1110[3]	BI:禁止负向的频率设定值	0:0	3	CT	N
P1113[3]	BI:反向	722:1	3	CT	N
P1124[3]	BI:使能斜坡时间	00	3	CT	N
P1140[3]	BI:RFG 使能	1.0	3	CT	N
P1141[3]	BI:RFG 开始	1.0	3	CT	N
P1142[3]	BI:RFG 使能设定值	1.0	3	CT	N
P1230[3]	BI:使能直流注入制动	0:0	3	CUT	N
P2103[3]	BI:1. 故障确认	722:2	3	CT	QC
P2104[3]	BI:2. 故障确认	00	3	CT	N
P2106[3]	BI:外部故障	10	3	CT	N
P2220[3]	BI:固定 PID 设定值选择,位 0	0:0	3	CT	N
P2221[3]	BI:固定 PID 设定值选择,位 1	0:0	3	CT	N
P2222[3]	BI:同定 PID 设定值选择,位 2	0:0	3	CT	N
P2223[3]	BI:固定 PID 设定值选择,位 3	722:3	3	CT	N
P2226[3]	BI:固定 PID 设定值选择,位 4	722:4	3	CT	N
P2228[3]	BI:固定 PID 设定值选择,位 5	722:5	3	CT	N
P2235[3]	BI:使能 PID-MOP（升速命令）	19:13	3	CT	N
P2236[3]	BI:使能 PID-MOP（减速命令）	19:14	3	CT	N

8. 模拟 I/O 参数（P0004=8）（见表 A-8）

表 A-8　模拟 I/O 参数

参数号	参数名称	默认值	Level	DS	QC
P0295	变频器风机停机断电的延时时间	0	3	CUT	N
r0750	ADC(模-数转换输入)的数目	—	3	—	—
r0752[2]	ADC 实际输入(V 或 mA)	—	2	—	—
P0753[2]	ADC 的平滑时间	3	3	CUT	N
r0754[2]	标定后的 ADC 实际值(%)	—	2	—	—
r0755[2]	CO:标定后的 ADC 实际值(4000h)	—	2	—	—
P0756[2]	ADC 的类型	0	2	CT	N
P0757[2]	ADC 输入特性标定的 x_1 值(V/mA)	0	2	CUT	N
P0758[2]	ADC 输入特性标定的 y_1 值	0.0	2	CUT	N
P0759[2]	ADC 输入特性标定的 x_2 值(V/mA)	10	2	CUT	N
P0760[2]	ADC 输入特性标定的 y_2 值	100.0	2	CUT	—
P0761[2]	ADC 死区的宽度(V/mA)	0	2	CUT	—
P0762[2]	信号消失的延迟时间	10	3	CUT	—
r0770	ADC(模/数转换输出)的数目	—	3	—	—
P0771[2]	CI:DAC 输出功能选择	21:0	22	CUT	N
P0773[2]	DAC 的平滑时间	2	2	CUT	N
r0774[2]	实际 DAC 输出值(V 或 mA)	—	2	—	—
P0776[2]	DAC 的型号	0	2	CUT	N
P0777[2]	DAC 输出特性标定的 x_1 值	0.0	2	CUT	N
P0778[2]	DAC 输出特性标定的 y_1 值	0	2	CUT	N
P0779[2]	DAC 输出特性标定的 x_2 值	100.0	2	CUT	N
P0780[2]	DAC 输出特性标定的 y_2 值	20	2	CUT	—
P0781[2]	DAC 死区的宽度	0	2	CUT	N

9. 设定值通道和斜坡函数发生器参数（P0004=10）（见表 A-9）

表 A-9　设定值通道和斜坡函数发生器参数

参数号	参数名称	默认值	Level	DS	QC
P1000[3]	选择频率设定值	2	1	CT	Q
P1001[3]	固定频率 1	0.00	2	CUT	N
P1002[3]	固定频率 2	5.00	2	CUT	N
P1003[3]	固定频率 3	10.00	2	CUT	N
P1004[3]	固定频率 4	15.00	2	CUT	N
P1005[3]	固定频率 5	20.00	2	CUT	N
P1006[3]	固定频率 6	25.00	2	CUT	N
P1007[3]	固定频率 7	30.00	2	CUT	N
P1008[3]	固定频率 8	35.00	2	CUT	N

（续）

参数号	参数名称	默认值	Level	DS	QC
P1009[3]	固定频率 9	40.00	2	CUT	N
P1010[3]	固定频率 10	45.00	2	CUT	N
P1011[3]	固定频率 11	50.00	2	CUT	N
P1012[3]	固定频率 12	55.00	2	CUT	N
P1013[3]	固定频率 13	60.00	2	CUT	N
P1014[3]	固定频率 14	65.00	2	CUT	N
P1015[3]	固定频率 15	65.00	2	CUT	N
P1016	固定频率方式:位 0	1	3	CT	N
P1017	固定频率方式:位 1	1	3	CT	N
P1018	固定频率方式:位 2	1	3	CT	N
P1019	固定频率方式:位 3	1	3	CT	N
r1024	CO:固定频率的实际值	100.0	2	CUT	N
P1025	固定频率方式:位 4	1	3	CT	N
P1027	固定频率方式:位 5	1	3	CT	N
P1031[3]	存储 MOP 的设定值	0	2	CUT	N
P1032	禁止反转的 MOP 的设定值	1	2	CT	N
P1040[3]	MOP 的设定值 5.0	0	2	CUT	N
r1050	CO:MOP 的实际输出频率	—	3	—	—
P1058[3]	正向点动频率	5.00	2	CUT	N
P1059[3]	反向点动频率	5.00	2	CUT	N
P1060[3]	点动斜坡上升时间	10.00	2	CUT	N
P1061[3]	点动斜坡下降时间	10.00	2	CUT	N
P1070[3]	CI:主设定值	755:0	3	CUT	N
P1071[3]	CI:标定的主设定值	10	3	CUT	N
P1075[3]	CI:辅助设定值	00	3	CUT	N
P1076[3]	CI:标定的辅助设定值	10	3	CUT	N
r1078	CO:总的频率设定值	—	3	—	—
r1079	CO:选定的频率设定值	—	3	—	—
P1080[3]	最小频率	0.00	1	CUT	Q
P1082[3]	最大频率	50.00	1	CT	N
P1091[3]	跳转频率 1	0.00	3	CUT	N
P1092[3]	跳转频率 2	0.00	3	CUT	N
P1093[3]	跳转频率 3	0.00	3	CUT	N
P1094[3]	跳转频率 4	0.00	3	CUT	N
P1101[3]	跳转频率的带宽	2.00	3	CUT	N
r1114	CO:方向控制后的频率设定值	—	3	—	—

（续）

参数号	参数名称	默认值	Level	DS	QC
r1119	CO:未经斜坡函数发生器的频率设定值	—	3	—	—
P1120[3]	斜坡上升时间	10.00	1	CUT	Q
P1121[3]	斜坡下降时间	10.00	1	CUT	Q
P1130[3]	斜坡上升起始段圆弧时间	0.00	2	CUT	N
P1131[3]	斜坡上升结束段圆弧时间	0.00	2	CUT	N
P1132[3]	斜坡下降起始段圆弧时间	0.00	2	CUT	N
P1133[3]	斜坡下降结束段圆弧时间	0.00	2	CUT	N
P1134[3]	平滑圆弧的类型	0	2	CUT	N
P1135[3]	OFF3斜坡下降时间	5.00	2	CUT	Q
r1170	CO:通过斜坡函数发生器后的频率设定值	—	3	—	—
P1257[3]	动态缓冲的频率限制	2.5	3	CUT	N

10. 驱动装置的特点参数（P0004=12）（见表A-10）

表A-10 驱动装置的特点参数

参数号	参数名称	默认值	Level	DS	QC
P0005[3]	选择需要显示的参量	21	2	CUT	N
P0006	显示方式	2	3	CUT	N
P0007	背板亮光延迟时间	0	3	CUT	N
P0011	锁定用户定义的参数	0	3	CUT	N
P0012	用户定义的参数解锁	0	3	CUT	N
P0013[20]	用户定义的参数	0	3	CUT	N
P1200	捕捉再起动	0	2	CUT	N
P1202[3]	电动机电流捕捉再起动	100	3	CUT	N
P1203[3]	搜寻速率捕捉再起动	100	3	CUT	N
r1205	观察器显示的捕捉再起动状态	—	3	—	—
P1210	自动再起动	1	2	CUT	N
P1211	自动再起动的重试次数	3	3	CUT	N
P1215	使能抱闸制动	0	2	T	N
P1216	释放抱闸制动的延迟时间	1.0	2	T	N
P1217	斜坡下降后的抱闸时间	1.0	2	T	N
P1232[3]	直流注入和制动的电流	100	2	CUT	N
P1233[3]	直流注入和制动的持续时间	0	2	CUT	N
P1234[3]	投入直流注入和制动的起始频率	650.00	2	CUT	N
P1236[3]	复合制动电流	0	2	CUT	N
P1237	动力制动	0	2	CUT	N
P1240[3]	直流电压控制器的组态	1	3	CT	N
r1242	CO:最大直流电压的接通电平	—	3	—	—

（续）

参数号	参数名称	默认值	Level	DS	QC
P1243[3]	最大直流电压的动态因子	100	3	CUT	N
P1245[3]	动态缓冲器的接通电平	76	3	CUT	N
r1246[3]	CO:动态缓冲器的接通电平	—	3	—	—
P1247[3]	动态缓冲器的动态因子	100	3	CUT	N
P1253[3]	直流电压控制器的输出限幅	10	3	CUT	N
P1254	直流电压接通电平的自动检测	1	3	CT	N
P1256[3]	动态缓冲的反应	0	3	CT	N

11. 电动机的控制参数（P0004=13）（见表 A-11）

表 A-11　电动机的控制参数

参数号	参数名称	默认值	Level	DS	QC
r0020	CO:实际的频率设定值	—	3	—	—
r0021	CO:实际频率	—	2	—	—
r0022	转子实际速度	—	3	—	—
r0024	CO:实际输出频率	—	3	—	—
r0025	CO:实际输出电压	—	2	—	—
r0027	CO:实际输出电流	—	2	—	—
r0029	CO:磁通电流	—	3	—	—
r0030	CO:转矩电流	—	3	—	—
r0031	CO:实际转矩	—	2	—	—
r0032	CO:实际功率	—	2	—	—
r0038	CO:实际功率因数	—	3	—	—
r0056	CO/BO:电动机的控制状态	—	3	—	—
r0061	CO:转子实际速度	—	2	—	—
r0062	CO:频率设定值	—	3	—	—
r0063	CO:实际设定值	—	3	—	—
r0064	CO:频率控制器的输入偏差	—	3	—	—
r0065	CO:转差频率	—	3	—	—
r0066	CO:实际输出频率	—	3	—	—
r0067	CO:实际输出电流限值	—	3	—	—
r0068	CO:输出电流	—	3	—	—
r0071	CO:最大输出电压	—	3	—	—
r0072	CO:实际输出电压	—	3	—	—
r0075	CO:I_{sd}电流设定值	—	3	—	—
r0076	CO:I_{sd}电流实际值	—	3	—	—
r0077	CO:I_{sq}电流设定值	—	3	—	—
r0078	CO:I_{sq}电流实际值	—	3	—	—

（续）

参数号	参数名称	默认值	Level	DS	QC
r0079	CO:转矩设定值总值	—	3	—	—
r0086	CO:实际有效电流	—	3	—	—
r0090	CO:转子实际角度	—	2	—	—
P0095[10]	CI:PZD 信号的显示	0;0	—	—	3
r0096[10]	PZD 信号	—	3	—	—
r1084	最大频率设定值	—	3	—	—
P1300[3]	控制方式	0	2	CT	Q
P1310[3]	连续提升	50.0	2	CUT	N
P1311[3]	加速度提升	0.0	2	CUT	N
P1312[3]	起动提升	0.0	2	CUT	N
P1316[3]	提升结束的频率	20.0	3	CUT	N
P1320[3]	可编程 U/f 特性的频率坐标 1	0.00	3	CT	N
P1321[3]	可编程 U/f 特性的频率坐标 2	0.0	3	CUT	N
P1322[3]	可编程 U/f 特性的频率坐标 3	0.00	3	CT	N
P1323[3]	可编程 U/f 特性的频率坐标 4	0.0	3	CUT	N
P1324[3]	可编程 U/f 特性的频率坐标 5	0.00	3	CT	N
P1235[3]	可编程 U/f 特性的频率坐标 6	0.0	3	CUT	N
P1330[3]	CI:电压设定值	0;0	3	T	N
P1333[3]	FCC 的起动频率	10.0	3	CUT	N
P1335[3]	转差补偿	0.0	2	CUT	N
P1336[3]	转差限值	250	2	CUT	N
r1337	CO:U/f 特性的转差频率	—	3	—	—
P1338[3]	U/f 特性谐振阻尼的增益系数	0.00	3	CUT	N
P1340[3]	最大电流 I_{max} 控制器的比例增益系数	0.000	3	CUT	N
P1341[3]	最大电流 I_{max} 控制器的积分时间	0.300	3	CUT	N
r1343	CO:最大电流 I_{max} 控制器的输出频率	—	3	—	—
r1344	CO:最大电流 I_{max} 控制器的输出电压	—	3	—	—
P1345[3]	最大电流 I_{max} 控制器的比例增益系数	0.250	3	CUT	N
P1346[3]	最大电流 I_{max} 控制器的积分时间	0.300	3	CUT	N
P1350[3]	电压软起动	0	3	CUT	N
P1400[3]	速度控制的组态	1	3	CUT	N
r1407	SCO/BO:电动机控制的状态	2	—	3	—
r1438	CO:控制器的频率设定值	—	3	—	—
P1452[3]	速度控制器 SLVC 的滤波时间	4	3	CUT	N
P1460[3]	速度控制器的增益系数	3.0	2	CUT	N
P1462[3]	速度控制器的积分时间	400	2	CUT	N

（续）

参数号	参数名称	默认值	Level	DS	QC
P1470[3]	速度控制器 SLVC 的增益系数	3.0	2	CUT	N
P1472[3]	速度控制器 SLVC 的积分时间	400	2	CUT	N
P1477[3]	BI:设定速度控制器的积分器	0:0	3	CUT	N
P1478[3]	CI:设定速度控制器的积分器	—	0	0	3
r1482	CO:速度控制器的积分输出	—	3	—	—
P1488[3]	垂度的输入源	0	3	CUT	N
P1489[3]	垂度的标定	0.05	3	CUT	N
r1490	CO:下垂的频率	—	3	—	—
P1492[3]	使能垂度功能	0	3	CUT	N
P1496[3]	标定加速度预控	—	—	—	—
P1499[3]	标定加速度转矩控制	100	3	CUT	N
P1500[3]	选择转矩设定值	0	2	CT	Q
P1501[3]	BI:切换到转矩控制	00	3	CT	—
P1503[3]	CI:转矩总设定值	00	3	T	—
r1508	CO:转矩总设定值	—	2	—	—
P1511[3]	CI:转矩附加设定值	00	3	T	—
r1515	CI:转矩附加设定值	—	2	—	—
r1518	CO:加速转矩	—	3	—	—
P1520[3]	CO:转矩上限值	5.13	2	CUT	N
P1521[3]	CO:转矩下限值	−5.13	2	CUT	N
P1522[3]	CI:转矩上限值	1520	0	3	—
P1523[3]	CI:转矩下限值	1521	0	3	—
P1525[3]	标定的转矩下限值	100.0	3	CUT	N
r1526	CO:转矩上限值	—	3	—	—
r1527	CO:转矩下限值	—	3	—	—
P1530[3]	电动状态功率限值	0.75	2	CUT	N
P1531[3]	再生状态功率限值	−0.75	2	CUT	N
r1538	CO:转矩上限总值	—	2	—	—
r1539	CO:转矩下限总值	—	2	—	—
P1570[3]	CO:固定的磁通设定值	100.0	2	CUT	N
P1574[3]	动态电压裕量	10	3	CUT	N
P1580[3]	效率优化	0	2	CUT	N
P1582[3]	磁通设定值的平滑时间	15	3	CUT	N
P1596[3]	弱磁控制器的积分时间	50	3	CUT	N
r1598	CO:磁通设定值总值	—	3	—	—
P1610[3]	连续转矩提升 SLVC	50.0	2	CUT	N

（续）

参数号	参数名称	默认值	Level	DS	QC
P1611[3]	加速度转矩提升 SLVC	0.0	2	CUT	N
P1740	消除振荡的阻尼增益系数	0.000	3	CUT	N
P1750[3]	电动机模型的控制字	1	3	CUT	N
r1751	电动机模型的状态字	—	3	—	—
P1755[3]	电动机模型 SLVC 的起始频率	5.0	3	CUT	N
P1756[3]	电动机模型 SLVC 的回线频率	50.0	3	CUT	N
P1758[3]	过渡到前馈方式的等待时间 t_wait	1500	3	CUT	N
P1759[3]	转速自适应的稳定等待时间 t_wait	100	3	CUT	N
P1764[3]	转速自适应 SLVC 的 K_p	0.2	3	CUT	N
r1770	CO:速度自适应的比例输出	—	3	—	—
r1771	CO:速度自适应的积分输出	—	3	—	—
P1780[3]	R_s/R_r 定子/转子电阻自适应的控制字	3	3	CUT	N
r1782	R_s 自适应的输出	—	3	—	—
r1787	X_m 自适应的输出	—	3	—	—
P2480[3]	位置方式	1	3	CT	N
P2481[3]	齿轮箱的速比输入	1.00	3	CT	N
P2482[3]	齿轮箱的速比输出	1.00	3	CT	N
P2484[3]	轴的圈数	—	1	1.0	3
P2487[3]	位置误差微调值	0.00	3	CUT	N
P2488[3]	最终轴的圈数	—	1	1.0	3
r2489	主轴实际转数	—	3	—	—

12. 通信参数（P0004 = 20）（见表 A-12）

表 A-12　通信参数

参数号	参数名称	默认值	Level	DS	QC
P0918	CB（通信板地址）	3	2	CT	N
P0927	修改参数的途径	15	2	CUT	N
r0964[5]	微程序软件版本数据	—	3	—	—
r0965	Profibus profile（总线形式）	—	3	—	—
r0967	控制字 1	—	3	—	—
r0968	状态字 1	—	3	—	—
P0971	从 RAM 到 EEPROM 的传输数据	0	3	CUT	N
P2000[3]	基准频率	50.00	2	CT	N
P2001[3]	基准电压	1000	3	CT	N
P2002[3]	基准电流	0.10	3	CT	N
P2003[3]	基准转矩	0.75	3	CT	N
r2004[3]	基准功率	—	3	—	—

（续）

参数号	参数名称	默认值	Level	DS	QC
P2009[2]	USS 标称化	0	3	CT	N
P2010[2]	USS 波特率	6	2	CUT	N
P2011[2]	USS 地址	0	2	CUT	N
P2012[2]	USS PZD 的长度	2	3	CUT	N
P2013[2]	USS PKW 的长度	127	3	CUT	N
P2014[2]	USS 停止发报时间	0	3	CT	N
r2015[8]	CO:从 BOP 链接 PZD(USS)	—	3	—	—
P2016[8]	CI:从 PZD 到 BOP 链接(USS)	52:0	3	CT	N
r2018[8]	CO:从 COM 链接 PZD(USS)	—	3	—	—
P2019[8]	CI:从 PZD 到 COM 链接(USS)	52:0	3	CT	N
r2024[2]	USS 报文无错误	—	3	—	—
r2025[2]	USS 拒收报文	—	3	—	—
r2026[2]	USS 字符帧错误	—	3	—	—
r2027[2]	USS 超时错误	—	3	—	—
r2028[2]	USS 奇偶错误	—	3	—	—
r2029[2]	USS 不能识别起始点	—	3	—	—
r2030[2]	USS BCC 错误	—	3	—	—
r2031[2]	USS 长度错误	—	3	—	—
r2032	BO:从 BOP 链接控制字 1USS	—	3	—	—
r2033	BO:从 BOP 链接控制字 2USS	—	3	—	—
r2036	BO:从 COM 链接控制字 1USS	—	3	—	—
r2037	BO:从 COM 链接控制字 2USS	—	3	—	—
P2040	CB 报文停止时间	20	3	CT	N
P2041[5]	CB:参数	0	3	CT	N
r2050[8]	CO:从 CB 至 PZD	—	3	—	—
P2051[8]	CI:从 PZD 至 CB	52:0	3	CT	N
r2053[5]	CB:识别	—	3	—	—
r2054[7]	CB:诊断	—	3	—	—
r2090	BO:CB 发出的控制字	1	—	3	—
r2091	BO:CB 发出的控制字	2	—	3	—

13. 报警警告和监控参数（P0004＝21）（见表 A-13）

表 A-13　报警警告和监控参数

参数号	参数名称	默认值	Level	DS	QC
r0947[8]	最新的故障码	—	2	—	—
r0948[12]	故障时间	—	3	—	—
r0949[8]	故障数值	—	3	—	—

（续）

参数号	参数名称	默认值	Level	DS	QC
P0952	故障的总数	0	3	CT	N
P2100[3]	选择报警号	0	3	CT	N
P2101[3]	停车的反冲值	0	3	CT	N
r2110[4]	警告信息号	—	2	—	—
P2111	警告信息的总数	0	3	CT	N
r2114[2]	运行时间计数器	—	3	—	—
P2115[3]	AOP 实时时钟	0	3	CT	N
P2150[3]	回线频率 f_hys	3.00	3	CUT	N
P2151[3]	CI:监控速度设定值	0:0	3	CUT	N
P2152[3]	CI:监控速度实际值	0:0	3	CUT	N
P2153[3]	速度滤波器的时间常数	5	2	CUT	N
P2155[3]	门限频率 f_1	30.00	3	CUT	N
P2156[3]	门限频率 f_1 的延迟时间	10	3	CUT	N
P2157[3]	门限频率 f_2	30.00	3	CUT	N
P2158[3]	门限频率 f_2 的延迟时间	10	2	CUT	N
P2159[3]	门限频率 f_3	30.00	2	CUT	N
P2160[3]	门限频率 f_3 的延迟时间	10	2	CUT	N
P2161[3]	频率设定值的最小门限	3.00	2	CUT	N
P2162[3]	超速的回线频率	20.00	2	CUT	N
P2163[3]	输入允许的频率差	3.00	2	CUT	N
P2164[3]	回线频率差	3.00	3	CUT	N
P2165[3]	允许频率差的延迟时间	10	2	CUT	N
P2166[3]	完成斜坡上升的延迟时间	10	2	CUT	N
P2167[3]	关断频率 f_off	1.00	3	CUT	N
P2168[3]	延迟时间 t_off	10	3	CUT	N
r2169	CO:实际的滤波频率	—	2	—	—
P2170[3]	门限电流 I_thresh	100.0	3	CUT	N
P2171[3]	电流延迟时间	10	3	CUT	N
P2172[3]	直流回路电压门限值	800	3	CUT	N
P2173[3]	直流回路电压延迟时间	10	3	CUT	N
P2174[3]	转矩门限值 T_thresh	5.13	3	CUT	N
P2176[3]	转矩门限的延迟时间	10	2	CUT	N
P2177[3]	闭锁电动机的延迟时间	10	2	CUT	N
P2178[3]	电动机停车的延迟时间	10	2	CUT	N
P2179	判定无负载的电流限值	3.0	3	CUT	N
P2180	判定无负载的延迟时间	2000	3	CUT	N

（续）

参数号	参数名称	默认值	Level	DS	QC
P2181[3]	传动带故障的检测方式	0	2	CUT	N
P2182[3]	传动带的门限频率1	5.00	3	CUT	N
P2183[3]	传动带的门限频率2	30.00	2	CUT	N
P2184[3]	传动带的门限频率3	50.00	2	CUT	N
P2185[3]	转矩上门限值1	99999.0	2	CUT	N
P2186[3]	转矩下门限值1	0.0	2	CUT	N
P2187[3]	转矩上门限值2	99999.0	2	CUT	N
P2188[3]	转矩下门限值2	0.0	2	CUT	N
P2189[3]	转矩上门限值3	99999.0	2	CUT	N
P2190[3]	转矩下门限值3	0.0	2	CUT	N
P2192[3]	传动带故障的延迟时间	10	2	CUT	N
r2197	CO/BO:监控字1	—	2	—	—
r2198	CO/BO:监控字2	—	2	—	—

14. PI 控制器参数（P0004＝22）（见表 A-14）

表 A-14　PI 控制器参数

参数号	参数名称	默认值	Level	DS	QC
P2200[3]	BI:使能 PID 控制器	0;0	2	CT	N
P2201[3]	固定的 PID 设定值 1	0.00	2	CUT	N
P2202[3]	固定的 PID 设定值 2	10.00	2	CUT	N
P2203[3]	固定的 PID 设定值 3	20.00	2	CUT	N
P2204[3]	固定的 PID 设定值 4	30.00	2	CUT	N
P2205[3]	固定的 PID 设定值 5	40.00	2	CUT	N
P2206[3]	固定的 PID 设定值 6	50.00	2	CUT	N
P2207[3]	固定的 PID 设定值 7	60.00	2	CUT	N
P2208[3]	固定的 PID 设定值 8	70.00	2	CUT	N
P2209[3]	固定的 PID 设定值 9	80.00	2	CUT	N
P2210[3]	固定的 PID 设定值 10	90.00	2	CUT	N
P2211[3]	固定的 PID 设定值 11	100.00	2	CUT	N
P2212[3]	固定的 PID 设定值 12	110.00	2	CUT	N
P2213[3]	固定的 PID 设定值 13	120.00	2	CUT	N
P2214[3]	固定的 PID 设定值 14	130.00	2	CUT	N
P2215[3]	固定的 PID 设定值 15	130.00	2	CUT	N
P2216	固定的 PID 设定值方式,位 0	1	3	CT	N
P2217	固定的 PID 设定值方式,位 1	1	3	CT	N
P2218	固定的 PID 设定值方式,位 2	1	3	CT	N
P2219	固定的 PID 设定值方式,位 3	1	3	CT	N

（续）

参数号	参数名称	默认值	Level	DS	QC
r2224	CO:实际的固定 PID 设定值	—	2	—	—
P2225	固定的 PID 设定值方式,位 4	1	3	CT	N
P2227	固定的 PID 设定值方式,位 5	1	3	CT	N
P2231[3]	PID-MOP 的设定值存储	0	2	CUT	N
P2232	禁止 PID-MOP 的反向设定值	1	2	CT	N
P2240[3]	PID-MOP 的设定值	10.00	2	CUT	N
r2250	CO:PID-MOP 的设定值输出	—	2	—	—
P2251	PID 方式	0	3	CT	N
P2253[3]	CI:PID 设定值	0;0	2	CUT	N
P2254[3]	CI:PID 微调信号源	0;0	3	CUT	N
P2255	PID 设定值的增益因子	100.00	3	CUT	N
P2256	PID 微调的增益因子	100.00	3	CUT	N
P2257	PID 设定值的斜坡上升时间	1.00	2	CUT	N
P2258	PID 设定值的斜坡下降时间	1.00	2	CUT	N
r2260	CO:实际的 PID 设定值	—	2	—	—
P2261	PID 设定值滤波器的时间常数	0.00	3	CUT	N
r2262	CO:经滤波的 PID 设定值	—	3	—	—
P2263	PID 控制器的类型	0	3	CT	N
P2264[3]	CI:PID 反馈	755;0	2	CUT	N
P2265	PID 反馈信号滤波器的时间常数	0.00	2	CUT	N
r2266	CO:PID 经滤波的反馈	—	2	—	—
P2267	PID 反馈最大值	100.0	3	CUT	N
P2268	PID 反馈最小值	0.0	3	CUT	N
P2269	PID 增益系数	100.0	3	CUT	N
P2270	PID 反馈功能选择器	0	3	CUT	N
P2271	PID 变送器的类型	0	2	CUT	N
r2272	CO:已标定的 PID 反馈信号	—	2	—	—
r2273	CO:PID 错误	—	2	—	—
P2274	PID 的微分时间	0.000	2	CUT	N
P2280	PID 的比例增益系数	3.000	2	CUT	N
P2285	PID 的积分时间	0.000	2	CUT	N
P2291	PID 输出上限	100.00	2	CUT	N
P2292	PID 输出下限	0.00	2	CUT	N
P2293	PID 限定值的斜坡上升/下降时间	1.00	3	CUT	N
r2294	CO:实际的 PID 输出	—	2	—	—
P2295	PID 输出的增益系数	100.00	3	CUT	N

（续）

参数号	参数名称	默认值	Level	DS	QC
P2350	使能 PID 自动整定	0	2	CUT	N
P2354	PID 参数自整定延迟时间	240	3	CUT	N
P2355	PID 自动整定的偏差	5.00	3	CUT	N
P2800	使能 FFB	0	3	CUT	N
P2801[17]	激活的 FFB	0	3	CUT	N
P2802[14]	激活的 FFB	0	3	CUT	N
P2810[2]	BI:AND(与)1	0:0	3	CUT	N
r2811	BO:AND(与)1	—	3	—	—
P2812[2]	BI:AND(与)2	0:0	3	CUT	N
r2813	BO:AND(与)2	—	3	—	—
P2814[2]	BI:AND(与)3	0:0	3	CUT	N
r2815	BO:AND(与)3	—	3	—	—
P2816[2]	BI:OR(或)1	0:0	3	CUT	N
r2817	BO:OR(或)1	—	3	—	—
P2818[2]	BI:OR(或)2	0:0	3	CUT	N
r2819	BO:OR(或)2	—	3	—	—
P2820[2]	BI:OR(或)3	0:0	3	CUT	N
r2821	BO:OR(或)3	—	3	—	—
P2822[2]	BI:XOR(异或)1	0:0	3	CUT	N
r2823	BO:XOR(异或)1	—	3	—	—
P2824[2]	BI:XOR(异或)2	0:0	3	CUT	N
r2825	BO:XOR(异或)2	—	3	—	—
P2826[2]	BI:XOR(异或)3	0:0	3	CUT	N
r2827	BO:XOR(异或)3	—	3	—	—
P2828	BI:NOT(非)1	0:0	3	CUT	N
r2829	BO:NOT(非)1	—	3	—	—
P2830	BI:NOT(非)2	0:0	3	CUT	N
r2831	BO:NOT(非)2	—	3	—	—
P2832	BI:NOT(非)3	0:0	3	CUT	N
r2833	BO:NOT(非)3	—	3	—	—
P2834[4]	BI:D-FF1	0:0	3	CUT	N
r2835	BO:QD-FF1	—	3	—	—
r2836	BO:NOT-QD-FF1	—	3	—	—
P2837[4]	BI:D-FF2	0:0	3	CUT	N
r2838	BO:QD-FF2	—	3	—	—
r2839	BO:NOT-QD-FF2	—	3	—	—

（续）

参数号	参数名称	默认值	Level	DS	QC
P2840[2]	BI:RS-FF1	0:0	3	CUT	N
r2841	BO:QRS-FF1	—	3	—	—
r2842	BO:NOT-QRS-FF1	—	3	—	—
P2843[2]	BI:RS-FF2	0:0	3	CUT	N
r2844	BO:QRS-FF2	—	3	—	—
r2845	BO:NOT-QRS-FF2	—	3	—	—
P2846[2]	BI:RS-FF3	0:0	3	CUT	N
r2847	BO:QRS-FF3	—	3	—	—
r2848	BO:NOT-QRS-FF3	—	3	—	—
P2849	BI:定时器1	0:0	3	CUT	N
P2850	定时器1的延迟时间	0	3	CUT	N
P2851	定时器1的操作方式	0	3	CUT	N
r2852	BO:定时器1	—	3	—	—
r2853	BO:定时器1无输出	—	3	—	—
P2854	BI:定时器2	0:0	3	CUT	N
P2855	定时器2的延迟时间	0	3	CUT	N
P2856	定时器2的操作方式	0	3	CUT	N
r2857	BO:定时器2	—	3	—	—
r2858	BO:定时器2无输出	—	3	—	—
P2859	BI:定时器3	0:0	3	CUT	N
P2860	定时器3的延迟时间	0	3	CUT	N
P2861	定时器3的操作方式	0	3	CUT	N
r2862	BO:定时器3	—	3	—	—
r2863	BO:定时器3无输出	—	3	—	—
P2864	BI:定时器4	0:0	3	CUT	N
P2865	定时器4的延迟时间	0	3	CUT	N
P2866	定时器4的操作方式	0	3	CUT	N
r2867	BO:定时器4	—	3	—	—
r2868	BO:定时器4无输出	—	3	—	—
P2869[2]	CI:ADD(加)1	755:0	3	CUT	N
r2870	CO:ADD1	—	3	—	—
P2871[2]	CI:ADD2	755:0	3	CUT	N
r2872	CO:ADD2	—	3	—	—
P2873[2]	CI:SUB(减)1	755:0	3	CUT	N
r2874	CO:SUB1	—	3	—	—
P2875[2]	CI:SUB2	755:0	3	CUT	N

（续）

参数号	参数名称	默认值	Level	DS	QC
r2876	CO：SUB2	—	3	—	—
P2877[2]	CI：MUL(乘)1	755：0	3	CUT	N
r2878	CO：MUL1	—	3	—	—
P2879[2]	CI：MUL2	755：0	3	CUT	N
r2880	CO：MUL2	—	3	—	—
P2881[2]	CI：DIV(除)1	755：0	3	CUT	N
r2882	CO：DIV1	—	3	—	—
P2883[2]	CI：DIV2	755：0	3	CUT	N
r2884	CO：DIV2	—	3	—	—
P2885[2]	CI：CMP(比较)1	755：0	3	CUT	N
r2886	BO：CMP1	—	3	—	—
P2887[2]	CI：CMP2	755：0	3	CUT	N
r2888	BO：CMP2	—	3	—	—
P2889	CO：以(%)值表示的固定设定值1	0	3	CUT	N
P2890	CO：以(%)值表示的固定设定值2	0	3	CUT	N

15. 编码器参数（见表 A-15）

表 A-15 编码器参数

参数号	参数名称	默认值	Level	DS	QC
P0400[3]	选择编码器的类型	0	2	CT	N
P0408[3]	编码器每转一圈发出的脉冲数	1024	2	CT	N
P0491[3]	速度信号丢失时的处理方法	0	2	CT	N
P0492[3]	允许的速度偏差	10.00	2	CT	N
P0494[3]	速度信号丢失时进行处理的延迟时间	10	2	CUT	N

附录 B　CDIO 项目报告书模板

《电机与变频器安装和维护》
CDIO 项目报告书

项目名称：＿＿＿＿＿＿＿＿＿＿＿＿＿＿＿＿＿＿

专业：＿＿＿＿＿＿＿＿＿＿＿＿＿＿＿＿＿＿＿

班级及组号：＿＿＿＿＿＿＿＿＿＿＿＿＿＿＿＿

组长姓名：＿＿＿＿＿＿＿＿＿＿＿＿＿＿＿＿＿

组员姓名：＿＿＿＿＿＿＿＿＿＿＿＿＿＿＿＿＿

指导老师：＿＿＿＿＿＿＿＿＿＿＿＿＿＿＿＿＿

时间：＿＿＿＿＿＿＿＿＿＿＿＿＿＿＿＿＿＿＿

1. 项目目的与要求

2. 项目计划

3. 项目内容

4. 心得体会

5. 主要参考文献

参考文献

[1] 任艳君. 电动机与拖动 [M]. 北京：机械工业出版社，2022.

[2] 孙洋. 电动机维修实用手册 [M]. 北京：化学工业出版社，2021.

[3] 刘子林. 实用电机拖动维修技术 [M]. 北京：北京师范大学出版社，2020.

[4] 李满亮，王旭元，牛海霞. 电机与拖动 [M]. 北京：化学工业出版社，2021.

[5] 李方园. 变频器工程案例精讲 [M]. 北京：化学工业出版社，2021.

[6] 石秋洁. 变频器应用基础 [M]. 2 版. 北京：机械工业出版社，2021.

[7] 王浩然. 变频器应用技术 [M]. 天津：天津科学技术出版社，2021.

[8] 葛惠民. 变频器应用与维护 [M]. 北京：中国铁道出版社，2020.

[9] 周志敏，纪爱华. 变频器维修入门与故障检修 [M]. 北京：中国电力出版社，2020.